U0063828

家饌

3

江獻珠 編著

珠璣小館
烹飪技法實錄

萬里機構・飲食天地出版社 出版

家饌(3)

著者
江獻珠

攝影
梁贊坤

叢書統籌
何健莊

編輯
謝妙華

封面設計
朱靜

版面設計
劉紅萍

出版者
萬里機構·飲食天地出版社
香港鰂魚涌英皇道1065號東達中心1305室
電話：2564 7511　傳真：2565 5539
網址：http://www.wanlibk.com

發行者
香港聯合書刊物流有限公司
香港新界大埔汀麗路36號中華商務印刷大廈3字樓
電話：2150 2100　傳真：2407 3062
電郵：info@suplogistics.com.hk

承印者
凸版印刷（香港）有限公司

出版日期
二〇一〇年七月第一次印刷

前言

在飲食雜誌上每星期供稿一篇，轉眼六年，普及而合乎
健康的食材差不多已用過，又不願採用鮑參肚翅珍貴作
料，大有捉襟見肘之虞。

雖然決心要維持粵菜百年來的優良傳統，也不甘捨本逐
末去做些四不像的菜色，我仍不免因食材的全球化，沾
染了一些非粵菜的口味。我就算頑固，也不能不隨波逐
流，兼用一些外來的食材，加一些現代烹調方法去演繹
傳統粵菜。

在既定的條件下，一般的菜饌已做得差不多了，我轉移
到平生在家中吃到精粗俱備的食物。這些菜饌包括我兒
時在祖父家中吃到的美食、在外國自學的家庭飯餐、教
烹飪時的課題、義務為美國抗癌會上門到會的古老排場
大菜和我留港時一日三餐的膳食，只要出自我家廚房，
都可算是家饌。

現今印刷技術突飛猛進，彩色圖片已成食譜必備，因此
操作步驟與食譜同樣重要，在雜誌上省略的圖片，在本
書內都有機會補回，使用者更易跟隨食譜操作。附帶的
短文，多和家庭生活有關，顯示家饌的特色。

希望讀者喜歡這套小書，多加使用，也請飲食方家，不
吝賜正。

江獻珠

2009 年 11 月識於香港

家餚

江獄珠玉

複製舊菜當真是
這麼困難嗎？

今日生物科技已發展到能複製綿羊和其他的動物，如果不是有這麼多宗教和倫理上的爭議，可能複製人已在地球上活着了。

吃飯是人所必需，燒飯卻是小道，而我這個老朽卻唉聲嘆氣：複製一道古老的菜饌是多麼為難！在今日飲食創新之風狂烈地搖撼着這片地小人稠的香港，有多少人願意盡心竭力保守這一點點薪火，留傳下去？難怪食家唯靈介紹了三十來個古老菜色之後，已有無以為繼之嘆！

近來為了重編特級校對的《食經》上的食譜，要加插製作圖片，很多食譜都要改寫一遍，也要加入製作步驟，其實菜饌要加插步驟圖與重頭再做一次無大分別，不用說費時失事了，最大的考驗還是：我總沒有辦法重複自己，更沒有辦法複製以前烹過的菜饌。

很明顯，個人的心境已非當年，那時老師剛去世，留下要原裝再版十集《食經》的未竟心願，為了紀念他教導我的情誼，一口氣把《食經》中在當時仍可重做的，挑選出來，依着書中的指示，一一完成。在留港短暫的時間，拍攝了一百多個菜色，回美國後仔細試驗並寫好食譜，在2001年出版。那時我是日以繼夜地燒菜，因為不需顧慮步驟，可以同時準備數道菜，尤其材料需要浸發的菜色，不用等候完成一步方才拍攝第二步，所以進度較快。

現在回首當日，以今比昔，不禁喟嘆連連！以前用過的作料，十年以來，面目和實質已非昔日，而我的體力，更難與十年前相比。就拿一道「四季圓」為例，不瞞大家，我一共做了整整三次，皆因海參不對，更不用提豬肉的質素了。

據特級校對說：四季圓是廣西桂林人請客常見之菜，是在大肉丸上蓋上一片海參同燉而成。看來只是四個大肉丸，但烹調過程非常複雜，要經過煨、煎、燉三重步驟，海參雖然是用已浸發了的，始終還要經過正常的去腥，煨入味的手續。更喪氣的是，我再也找不到與原來圖片的同樣海參：第一次用急凍海參；不對，放棄。第二次自己浸發一條印尼白石參；顏色和質地都不對，放棄。最後迫得發浸一條婆參，顏色對了，但過厚，只好把海參片薄充場。這麼折騰，但步驟用哪一種海參都是一樣的，不想再費力，照用已拍好的步驟算了。想不到，以前買到的急凍海參還像個樣，記得也算合格，現在許多超市的急凍海參則有形而無實，燉了一段時期，海參竟然縮小至薄紙一片，與前一比，真是涇渭分明。

這些只是我重編古法食譜初期棘手之處，以後的困難一定會更多，材料不同往日，的確是最大的障礙，要今天原裝複製十年前所燒的菜，在時間不足和體力不勝的壓力下，更難臻善了。

四季圓

準備時間：難以計算　　費用：視所用海參而定

材料

豬精肉	200克
肥膘肉	50克
雞湯	2湯匙
冬菇	4隻
蝦米	¼杯
蔥白	4條
油	1湯匙
淡雞湯	1杯
肉丸撲面用生粉	¼杯
發透海參	1條
小棠菜	450克
鹽	1茶匙
生粉	1茶匙滿＋水¼杯
老抽	1茶匙
包尾麻油	1茶匙

煨海參用料

油	2茶匙
紹酒	2茶匙
薑	4片
蒜頭	1瓣，拍扁
雞湯	½杯
鹽	少許

調味料

生抽	1湯匙
鹽	¼茶匙滿
雞蛋	1個
薑汁	2茶匙
紹酒、麻油	各1茶匙
糖	½茶匙
生粉	2茶匙

香港好些海味店，都會自發海參急凍出售。好的海參，吸足了肉丸的味道，燉足火候，入口軟糯，賣相又好，果真可以奉客。如不嫌麻煩，自行在家廚內浸發更佳。

準備

1 冬菇和蝦米分盛小碗內，加水過面浸軟，同切小粒 ❶❷，約0.3厘米大小，留浸水。

2 瘦肉和肥肉分別切小粒，約為綠豆般大小 ❸。

3 小棠菜撕去老莢，小的用全棵，大的分半，剪去外莢部分菜葉 ❹，洗淨，用前汆水 ❺。

4 瘦肉放大碗內，先加入生抽和鹽同攪拌至黏結，加入雞湯2湯匙 ❻，拌至水分為肉碎所吸收，打下雞蛋 ❼，循一方向攪拌，直至和勻，先後加入薑汁、紹酒、麻油、糖和胡椒粉，最後下生粉。

5 繼下蝦米粒和冬菇粒，是時下肥肉粒，拌勻後加入蔥白一同拌勻 ❽，用手抓起撻數下，蓋以保鮮膜，放進冰箱內冷藏待用。

海參發浸方法

婆參放入小烤爐內，在明火下烤至外皮四周有氣泡漲起 ❶，立即投入一大鍋開水內，大火燒15分鐘 ❷，蓋起候水冷，再

行把水燒開，煮15分鐘，蓋起，如是重做4-5次至海參身軟，張開海參，清去腸臟 ❸ 後用薑葱氽水便可用。

海參煨法

以油爆香薑片和蒜片，潷酒，即加入雞湯½杯，中火煮海參至湯汁將行收乾便移出。

肉丸成形法

分豬肉為4份，取1份肉先搓成圓形後稍按平，隨即撲生粉在肉丸上 ❶，從一手拋至另一手，往返輕拋使成肉餅 ❷，放在已薄灑生粉之碟上防黏。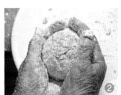

燉法

1 置易潔平底鑊在中火上，鑊紅時下油1湯匙搪勻鑊面，放下肉丸，煎至一面金黃便翻面，再煎黃另一面 ❶，鏟出。

2 海參內撲上生粉 ❷，每個肉丸放上海參1塊 ❸，放進大碗內，加雞湯1杯、蝦米水和浸冬菇水共2杯，燉1小時至肉丸酥軟。

3 移出肉丸，放下小棠菜墊底，再放肉丸在上 ❹，大火燉15分鐘。供食前移出肉丸，排菜在深盤上，菜上加肉丸。

4 潷出碗內肉汁，放在小鍋肉燒滾，調勻生粉水和老抽，吊下汁內，不停攪拌至汁稠，加包尾麻油亮，淋在肉丸上供食。

説燕皮

福建燕丸

1951年，崇基學院在堅道147號設校，我在52年開始在總務處當個小職員。那時學生只有百來人，教授也沒幾位，就像一個和諧的大家庭，氣氛極佳。教授中有一位鄧健飛先生，是福建人，教的是市場學，是兼任的，他人非常和氣，常常誇說他家鄉福州的飲食如何精美，一定要帶我們去福建館子試試。

有一天，他早上下了課便跟我們幾個小職員約好，要請我們中午到威靈頓街的「五華飯店」吃福建菜。鄧教授替我們點菜，像糖醋排骨、南煎肝、扁燕、燕丸、炒飯、紅糟溜魚片等，有一次還特地約我們去吃春餅。此後我和同事們偶然會飛步下山，到五華去吃一頓豐盛的福建午餐。當時只覺得很好吃，未曾深究。到了1955年，崇基在馬料水建校，我們也就絕足五華了。

60年代初我到美國留學，到了70年代中期，台灣移民大量湧入，其中不少閩南人，三藩市的唐人雜貨店開始售賣福建菜作料，我們可以買到紅糟，還有燕皮。我從記憶中搜索出模糊的福建菜口味，在家自製扁燕，到後來找到一本薄薄的福建菜譜，才一本正經地依書直做，覺得福建的扁燕和廣東的雲吞大異其趣，此後偶然也會做給家人吃。

80年初在香港，在裕華國貨公司或南貨店都可買到做福建雲吞的燕皮。換句話說，燕皮就是福建人的雲吞皮，包了餡子便做成他們的雲吞——扁燕。從食譜上知道這種像潮汕人的魚皮角皮子的燕皮，是用豬後腿精肉，剔去肉筋和骨膜，切成細條，用木棰搗成肉泥，逐少加入濕薯粉，少許食用鹼，反覆攪拌，和成硬塊後放在板上，輾開成薄片，灑上乾粉，折疊起來便是燕皮。略乾的稱鮮燕皮，晾乾的為乾燕皮，因為帶鹼，是防腐劑，所以在冰箱內可以久存。

用肉皮來包肉餡子的福建扁燕，別具風味，包法也和其他地方的雲吞，尤其廣東的不同，樣子似燕子的尾巴，我猜就是這個名字的由來。到我為紀念先師而從他的十集《食經》內，選取一些今日仍可複製的食譜，編撰成一套兩冊的《粵菜文化溯源系列》，其中有「燕丸」和「南煎肝」，而我早在《中國點心製作》的食譜中，已加入了福建扁燕的做法。燕丸則是福州式肉丸，外面滾滿燕皮絲，放在上湯內的一道半湯菜。

適攝影師梁贊坤從上海帶回燕皮送我，與我一向採用的水仙牌的裝潢不同，包裝上又有燕皮歷史的說明，於是開始我第一篇的改寫文章，做了燕丸，也把特級校對叫人把燕丸放在湯內一煮便成，改了先汆水才放入上湯內。因為肉泥內已加了鹼，總會有點澀味的。

另一做法，燕丸不汆水，而是先蒸熟了然後直接放入湯內，但我認為鹼的澀味仍存，所以堅持個人的意見，一定汆水。

福建燕丸

準備時間：1小時　　費用：50元

材料

豬精肉（水䐃）........ 200克
豬肥膥肉 40克
蝦米 .... ¼ 杯
油 2茶匙
燕皮 115克
蝦子 1湯匙滿
唐芹菜 1棵
葱白 4棵
雞湯 3杯

豬肉調味料

魚露 1湯匙
鹽 .... ¼ 茶匙
浸蝦米汁 .... ¼ 杯
生粉 2茶匙滿
紹酒、麻油各 2茶匙
糖 .... ½ 茶匙
胡椒粉 .... ⅛ 茶匙

燕皮原貌

> **提示**
>
> 福建燕皮在國貨公司或各
> 大南貨號均有出售。
> 燕皮十分乾，一觸即散，
> 要先行用濕毛巾蓋至軟，
> 方能使用。

用肉做的皮子切成細絲去包肉丸，是福建菜特有的。個人認為燕丸太多肉，但因為在肉泥內加入了芹菜粒，有異於廣東人之加入荸薺粒，可換一下口味。燕皮十分乾，一觸即散，要先行用濕毛巾蓋至軟，方能使用。

準備

1 豬肉分肥瘦，瘦肉先切幼絲，後切小粒，如半粒綠豆大小。肥肉亦然 **❶**。

2 蝦米浸軟，留浸汁，切小粒，以2茶匙油用中大火爆香 **❷**。

3 小心在燕皮摺疊處剪開，數張排一疊，放在墊有微濕潔淨毛巾之大平盤上，覆起毛巾另外一頭，蓋住燕皮 **❸**。是時燕皮已受了濕氣而皺起，再將中間反出，用毛巾蓋住 **❹**。用前剪成約4x0.4厘米大小的細絲 **❺**。

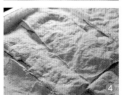

4 芹菜分梗葉，撕去梗的纖維，切小粒 **❻**，葉留用。

肉丸做法 _____

1 大碗內放入瘦肉粒，下魚露和鹽，繼下浸蝦
米水¼杯 ❶，一同攪拌至碎肉起膠上勁，加
入爆香蝦米 ❷，生粉、麻油、紹酒、糖和胡
椒粉 ❸，最後下蝦籽和芹菜，再加肥肉粒同
攪勻 ❹。

2 把肉泥撻下碗中數次使肉質更爽。

成形法 _____

1 小碗內盛滿清水備用。

2 一手抓一把肉泥，從虎口處擠出一個丸子，
比魚丸大一倍 ❶，另一手持餐叉，在清水內
一沾，挖出肉丸，隨即放下盤中的燕皮絲上
❷，滾動肉丸，便會黏上燕皮絲 ❸，共做
16個。

煮法 _____

1 小鍋內燒開雞湯3杯，待用。

2 置3公升湯鍋於大火上，加水大半滿，燒至
水開時逐一把肉丸放在沸水內 ❶，繼續燒水
至重開 ❷，倒下冷水約½杯，一直大火煮至
肉丸浮在水面上，並轉動 ❸，便撈出 ❹ 分盛
至小碗內。

3 把雞湯重行燒開，撒芹菜葉入湯內，淋湯入
每碗肉丸上供食。

15

用心飲食

黑豚肉炒芥蘭頭

朱子治家格言上有道：「一粥一飯，當知來處不易」，要我們明白每天所吃的食物，都不是輕易得來。而我們琅琅上口的唐詩更警惕地說：「誰知盤中餐，粒粒皆辛苦。」這些都是簡單而含意深長的教訓。

也曾聽年輕的一輩說，他們從未有過「餓」的感覺，更不會記得甚麼時候吃過飯，吃飯不過是例行公事，到時便吃，吃完了事，又算一餐。這種飲食的態度，引致我們漸漸會和身體的飽餓感覺脫了節，也失去了進食的享受。

匆忙中沒有細嚐食物，不作深究吃的是甚麼，飽餓不分，囫圇吞棗，食物有甚味道、香氣和質感，吃下去引起那些感受，與飲食的回憶產生了些那些共鳴，好吃與否，全不在乎。這樣的飲食，影響了生活的質素，漸而產生壓力、焦燥和情緒低落。這雖是美國的研究，但足以喚起我們對飲食要加以認識，從慢吞細嚼中找尋生活的享受。因為我們對飲食多加了關心，便從而想到食物是誰生產的，怎樣包裝，從麼地方來，又是誰烹製的？

有一群鼓吹用心飲食(mindful eating)的學者，教人怎樣去用心地吃，說一份食物放在你前面，沒有入口之先若能細心觀察分析，你吃的是怎樣的食物；顏色的配搭、香氣如何、夾起來時手上的質感是怎樣？然後方用鼻子去嗅，進口後在感覺上引起了甚麼回憶，使你對這一口食物有甚麼冀盼，才慢慢地咀嚼、吞下。更要知道這一口食物在你口中、喉頭甚至胃中有甚麼感覺，才好吃第二口；而第二口和第一口又有甚麼不同？這種飲食的哲學，不啻和發源於意大利的國際性「慢食行動」的宗旨如出一轍。

研究人員更認為如對飲食不上心，除了增加壓力、焦燥和情緒問題外，還會引致肥胖，從而患上各種長期病。

香港人何嘗不是天天在趕？要上心地吃，真的要有閒暇。只要留心在中午時分的中環，哪一個不趕？拿着飯盒邊跑邊吃的大有人在，就算坐下來，也會一面講手機，一面吃，雖不致於狼吞虎嚥，也不會慢條斯理地去仔細品嚐，更不是人人有機會能和家人一起同桌食飯。如要作調查，只要問問有多少人患上胃病就足夠了。

我們上了年紀，已在這匆忙奔波的浪潮中退下來，也到了能細意享受生活的階段。因為不用趕，吃甚麼也放在心中，也希望讀者能把「吃」這回事放在心上。所吃的不一定要珍饈百味，就算清茶淡飯也有其中的樂趣；總之，能了解自己吃的是甚麼，應如何去吃，都會對我們當下的生活多增享受，多一份福氣。

下面的食譜，用的是少人注意的芥蘭頭，其他的蔬菜配料隨意得很，可以說有甚麼便用甚麼。但加上了黑豚肉的鮮美，若能逐片品嚐，比較一下它與一般的豬肉有甚麼不同，就算是肉片炒蔬菜這麼簡單，結果也有出人意表的風味，可讓你放在心上慢慢記取。

黑豚肉炒芥蘭頭

準備時間：25分鐘　　費用：55元

材料

芥蘭頭..... 1個，約350克
油 .... 1湯匙 +2茶匙
雞湯 ....½杯
鹽 ....¼茶匙
瘦黑豚肉 125克
紅蘿蔔...1段，長約5厘米
蘭州百合 1頭
唐芹菜...................... 1棵
蒜 1瓣
生粉 .....½茶匙 +水1湯匙

豬肉調味料

水 2茶匙
生抽 1茶匙
蠔油 ....½茶匙
糖、鹽 .... 少許
紹酒 1茶匙
生粉 ....½茶匙
麻油、油 各1茶匙

芥蘭頭有季節，每年五月至九月上市，最好能購有機種植的，質感較脆而味道較濃，近似芥蘭的莖。芥蘭頭可炒、可燜、可涼拌，各有千秋。黑豚肉特別嫩滑鮮美，偶然花費一些，也是值得的。

準備

1 芥蘭頭撕去綠菜 ❶，切去底部硬塊 ❷，從底部向上撕出綠色的皮 ❸，又從上面向下把外皮撕清 ❹，以小刀將芯挖出 ❺，直切為4份，每份切片，約0.4厘米厚 ❻。

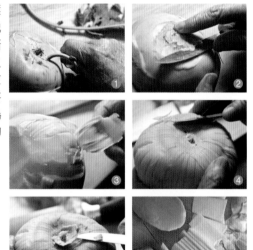

2 黑豚肉逆紋切薄片，約0.3厘米厚，置於碗內 ❼，先加入水拌勻，待水被肉片吸收後加入其餘調味料，一同拌勻 ❽。

3 紅蘿蔔切花片，百合分瓣洗淨，葱白斜切成欖形，唐芹菜去菜，莖切3厘米段，蒜切片。❾

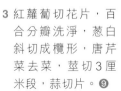

提示

黑豚肉可在各大日本超市有售。

炒法

1 置鑊於中大火上，鑊紅時下油，投下一半蒜片爆香 ❶，加入芥蘭頭片鑊散 ❷，倒下雞湯，鑊勻後加蓋 ❸，煮至芥蘭頭開始變軟，約7-8分鐘，下鹽調味，移出。

2 鑊內加油2茶匙，加入餘下的蒜片爆香 ❹，加入肉片，排成一層，煎至一面微呈金黃 ❺，反面再煎至全熟，鑊勻 ❻，芥蘭頭片回鑊 ❼，次第下紅蘿蔔花，百合瓣，葱白，最後下唐芹段，勾芡後一同炒勻 ❽ 上碟。

另類東坡肉

竹筍燜豬肉

香港「大班樓」啟業之初，總經理說有幾道新菜，正在試驗中，有一道是用「三層肉」做的東坡肉，問我意見。我覺得肉燜得過久，油瀉了，以致肥瘦分開，而瘦的部分柴了，不夠軟嫩，味道雖然很好，但應有可以改進的地方。我說最要注意的，就是瀉油的問題，我記得先師一提到「不見天」（豬肉後腿近肚腩的部分）時，便有很多話要說的，我答應回家查一下書。

在先師《食經》眾多文章之中，只有兩篇是與豬肉瀉油有關的。其一是用不見天煲湯不會瀉油法，另外是燜元蹄不致出油的問題。煲豬肉湯不瀉油，要水滾時下豬肉，用明火煲至豬肉夠身便移出，不能繼續加火，否則油便瀉出。至於燜元蹄，則要用後蹄，豬肉皮一定要用油炸過，燜時便會把油封住。

再打電話問新記的榮哥，三層肉究竟位在豬肉哪一部分，他說是一字排之下，不見天之上的一塊有硬脂肪的肉，說是三層，其實有些地方是一層肥、一層瘦的兩層，有些地方是肥瘦相間四層的，每隻豬只得兩塊，優點是肥肉爽脆，瘦肉軟嫩云云。我於是立刻定了一塊，請朋友帶入沙田，實行試驗。

許多香港人怕肥肉，但仍有不少知音人，想吃少量的肥肉，「大班樓」想推出這塊肉作東坡肉，自有理由。一口甘香肥肉的誘惑，實是非同小可。就算我要戒口，也想把它做好。特級校對所說的兩種方法，似乎不太合用，只供參考而已。

三層肉到手，檢視一番，瘦的部分特厚，肌理分明，肥肉頗硬，不像五花腩肉的軟。這些年來，我做過的大塊豬肉食譜，不下十餘種，常常為了拍攝圖片時要有好的賣相，便用我自家的方法去燜，成品好看又好吃。竅門只是，肉是全塊下鍋，先用大火燜至八成熟，此時方移出切塊，再加調味料在原湯內、小火燜至上色入味。結果是肥肉甘爽，瘦肉軟而不韌。

小師妹陳煌麗剛從黃山回來，帶給我優質的筍乾。《食經》上所說的東坡肉，只是簡單的豬肉燜筍，方法是根據蘇東坡的詩句：「寧可食無肉，不可居無竹，無肉令人瘦，無竹令人俗。」後人鄭板橋畫竹，題字時加「若要不瘦又不俗，除非天天筍炒（有人寫作燜）肉。」因此做了這道「另類東坡肉」。

菜成拍圖完畢，我、天機和梁贊坤各人吃了一大片。肥肉晶瑩剔透，甘香酥脆，爽脆可口，瘦肉一咬便斷，絕不夾在牙縫裏。黃山來的筍，幼嫩無根，吸足了肥油和味料，可以大口地吃，但我們大家都有健康上的顧忌，美味當前，淺嘗即止，其餘一大盤，也只好隨即送人了。

竹筍燜豬肉

準備時間：浸發筍乾3天　　烹煮時間：超過2小時

材料

三層肉......1塊，約600克
薑 4片
紹酒 ....¼ 杯
老抽 1茶匙
黃山筍乾 150克
油 1湯匙
鹽 ....¼茶匙
生粉 .....½茶匙＋水2湯匙

燜肉料

油 2茶匙
薑 ....20克，拍扁
蒜 ....2瓣，拍扁
磨豉醬 2湯匙滿
白糖 2茶匙滿
頂上頭抽 2湯匙
老抽 1湯匙
紹酒 2湯匙
冰糖 1湯匙

我相信一般豬肉檔都會有三層肉，不是新記專有。筍乾也不必來自黃山，可請南貨店推薦，自可購得合適材料。調味料雖然簡單，但也要選優質的醬油。有人喜歡加南乳，惜這非我所好，我覺得用了南乳，格調便變低了。

準備

1 用前三天，放筍乾在大鍋內，加水浸過夜
❶，第一次換水時用大火煮15分鐘，蓋起過夜，翌日再換水，如法再煮一次，蓋起過夜，每天換水兩次，至完全發脹為止，倒在疏箕內 ❷，沖淨 ❸。

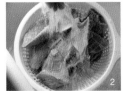

2 豬肉汆水，用冷水沖淨，拔清皮上可見的毛。

3 3公升小鍋內加水大半滿，置大火上，加入薑片和紹酒，水燒開後將三層肉放下 ❹，蓋起，煮約1小時至八成熟，移出以冷水沖去肉糜，揩乾，掃老抽在皮上 ❺，肉湯撇清面上浮油，留用。

提示

筍乾種類甚多，在南貨店有多種選擇，找一種像圖中的都可用，也可代以玉蘭筍乾，甚至可買已浸發的，回家先漂水後汆水，去清筍乾味便成。

4 筍乾斜切成薄塊，約½厘米厚 ，先在白鑊
內烘乾，加油1湯匙炒勻，下鹽調味。

燜法

1 置鑊於中大火上，鑊紅時下油爆香薑塊和
蒜，加入磨豉醬，再下白糖，炒至糖溶 ❶ 便
下兩種醬油，倒下留出之肉湯約4杯 ❷，燒
至湯滾，放下三層肉，肉皮向下 ❸，待湯再
燒開後加入紹酒和冰糖，繼下筍片同燜 ❹，
燒至湯汁大滾時加蓋 ❺，改為小火，不時翻
動豬肉使四面着色並入味 ❻。

2 煮豬肉約30分鐘，移豬肉出鑊，先切4厘米
寬的大塊 ❼，每塊切1厘米厚片 ❽，放回鑊
中 ❾，再燜約20分鐘，吊下些許生粉水勾芡
❿，鏟勻試味後便可供食。

八十前後

酥炸橘子肉

　　偶閱《信報》一段小文章，作者是一位「八十後」，他說他們這一代，集體記憶只有麥當奴漢堡包店。那真發人深省！想不久將來，「九十後」的一代又會說，他們的集體記憶是壽司、是拉麵。

　　每一代的青年，喜歡吃甚麼？有甚麼代表性？真的不是我們生於八十年前的長者所能了解。在香港出生的「二十後」中，富豪迭出，他們的集體記憶一定是怎樣在地產界和金融界發跡，昨天的身家累積是多少？相信不會在飲食上有甚麼難以磨滅的記憶吧！反正他們食必珍饈，無足見怪。

　　今日仍然健在的「八十前」的集體記憶可不同了。三十年代的香港，寧靜人稀，他們當時在英國統治下做順民，受的是殖民地教育，吃的是安樂飯。直至日人侵華，大量外地難民湧到，香港纔摻入了不少中國本土的氣息。跟着是香港淪陷，經過三年零八個月的艱苦生活，香港人又「幸運」地讓英國重新統治。這一輩人，當然忘不了50年代的復原，67年的暴動；70年代的經濟起飛；80年代的繁榮，和轟天動地的民運；這時代末期，有些八十後剛剛出世，97回歸時，他們可能還是乳臭未除的嬰兒哩！

　　從1920到現今這時段，不可謂不長。像我這個八十前，經歷的比一般人多。老人多喜歡想當年，很奇怪，長日記掛在心頭的多是：為甚麼以前吃到的，就算是一尾小魚，一盤青菜，都是那麼美味？我雖是八十前的人，生在廣州美食之家，吃過的就算記得，但也沒有資格去訴說當時的飲食概況，以一介黃毛小丫頭，只會吃，甚麼纔是正宗？到現在仍然不甚了了。

　　唯靈有一道「古老酥肉」，我一向用胸肉做咕嚕肉的，而他用的是無皮五花腩肉，我讀了很想做，可是糖醋汁是採自前陸羽茶室梁敬師傅的配方，在家庭下廚人看來，分量很大，而我自己版本的咕嚕肉早已發表了，本來沒有重複的必要。但今日酒家樓的咕嚕肉，委實太不成氣候了，我是十分喜歡吃咕嚕肉的，既然古法可以選用五花腩肉，何不換個方式試試呢？

　　我知道今日的五花腩肉，肥肉太少而瘦肉乾硬，是飲食潮流和科學飼養有以致之，實難與數十年前相比。我不敢夢想能炸出一塊有肥有瘦，肥的酥腴甘香、瘦的爽脆鮮美的酥肉。我這次不用糖醋，改用橘子汁作芡，不但帶有果香、還有自然的酸酸甜甜的味道。因為要保證全熟，炸得較透，雖然瘦的部分仍然是想像中的乾硬，但肥的部分滿口油脂香，又有橘子汁調劑，絕不覺膩口，我沒有顧忌地盡情享用。不嘗此味久矣！

　　八十後的青年，有他們的口味，懂得吃的時候，接觸到的就是當下這麼樣的食物，沒有比較，那會像八十前的我們。今天活在污染充斥的環境下，更受時尚潮流的影響，選材困難，做一道菜，無端勾起哀愁，只有大嘆今非昔比，好日子難再了。

酥炸橘子肉

準備時間：30分鐘　　費用：40元

材料

連皮五花腩............ 800克
生抽 2茶匙
胡椒粉 .... ⅛茶匙
鹽 .... 少許
雞蛋 1個
生粉 .... ¼杯
西檸檬 2個
（其中1個作裝飾用）
新奇士橙 1個
乾葱 3頭
蒜 1瓣
炸油 3杯

橘子汁芡料

雞湯 .... ¼杯
黃砂糖 3湯匙
鹽 .... 少許
生粉 1茶匙

炸較大塊的肉，一定要炸兩次；第一次是把肉炸至八成熟，第二次是把肉炸脆。如果一直炸至脆，肉一定會乾了。

準備

1　整片切去五花腩底部連骨的韌肉 ❶，改去可見脂肪，從肉小的一頭，以刀伸進肉皮與肉之間 ❷，一直向前片，至完全把肉皮割出為止 ❸。修去肉面上一部分肥肉。

2　先橫切五花腩為3厘米潤條 ❹，再切成小塊，約2厘米長 ❺，同置碗內。

3　加生抽、鹽、胡椒粉入肉塊內，砸下1個雞蛋 ❻，加入生粉同拌勻 ❼。

4 乾葱、蒜頭同切薄片 ❽。

5 檸檬1個榨汁，隔去籽 ❾，把皮上的茸磨出，約得½茶匙 ❿。橙亦榨汁。

6 在小碗內加入檸檬汁、檸檬皮茸和橙汁，然後加入橘子汁芡內調勻 ⓫。

炸法

1 置鑊於中大火上，鑊紅時下油3杯，燒至油滾時逐塊放下腩肉，不停撥動使勿相連 ❶，炸至微黃便移出 ❷。

2 以小篩隔去沉在鑊底的粉渣，重行燒滾鑊內的油，把已炸了一次的腩肉全部放回油內 ❸，邊炸邊鏟動，炸至肉塊金黃為止 ❹，移出瀝油。

橘子汁煮法

1 置易潔鑊於中火上，下2茶匙炸油，爆炒乾葱至半透明，繼下蒜片 ❶，攪勻橘子汁，倒下鑊內 ❷，改為中大火，不停鏟動，煮至至汁稠 ❸，試味。可酌加鹽或糖。

2 加入炸好肉塊，繼續鏟動至每塊肉均勻沾上汁液 ❹，上碟，綴上檸檬角作裝飾。

「西生菜」的滄桑

生炒牛肉飯

如所周知，凡以「西」字為首的蔬菜名，多指示其來源，如西洋菜、西瓜、西紅柿（番茄）、西芹等，西生菜更是其中的表表者。起初進口的西生菜原名冰山生菜Iceberg lettuce，產自加州我家附近的沙連娜鎮（Salinas），在十九世紀末（1894）由費城一家著名種子公司 W. Atlee Burpee 所發明，是將一些散葉的生菜改良而成的。自此品種屢有改進，至上世紀20年代已臻完善，一直風行全美國，伴以千島汁，是葉菜沙律之首。在60年代中後期，西生菜在香港更是天之驕子，不論高檔或平民化餐室，西生菜都不可或缺，其普遍程度，正是家傳戶曉。那時的西生菜是有價的，不像今天的低賤，除了作為時菜的主力，多時都用來與紅燒的菜式同用，或切絲作炸菜的墊底，甚至作為飯盒的青菜。

那時在超市常見的西生菜是大大的一包，有透明膠膜包緊，上有鮮紅奪目的BUDD字牌子，我們稱它為「畢牌西生菜」，在菜櫃內與來自加省同一地區的西芹放在一起，佔了很重要的位置。而酒家飯館、甚或大排檔和茶餐廳，都長日使用西生菜，沒有人瞧它不起，家庭主婦在冰箱內經常貯有一包，以備个時之需。

因為西生菜耐鮮，就算經過長途運送，只要冷藏得法，從美國運到香港的超市，鮮度仍能保持。就只取這一優點，其他的便瑕不掩瑜了。

西生菜在原產地的美國，後來有一陣子聲譽欠佳，在蔬菜中以味最淡而養分最低見稱；但它勝在爽脆，只要加足沙律汁，在60年代仍然是沙律菜的一枝獨秀。直至80年代地中海式飲食抬頭，美國高檔餐室跟風，棄西生菜如敗絮，極力吹捧進口意式沙律蔬菜諸如綠的火箭菜（rocket）、紅的生菜（ridicchio）和白色的比利時苦菜（endive）等三色沙律菜。到了法國新菜的風氣從歐洲吹來，多采多姿的法國嫩葉沙律菜（mesclun）更雄據一方，美國小農也紛紛用天然方法種植出可口、味道複雜多樣的有機版本，國人趨之若鶩。但潮流歸潮流，美國的國食漢堡包，中心夾着的，絕對不能少了一塊厚肉爽口的冰山生菜和一片番茄，以調劑肉塊的油膩；著名的BLT三文治（bacon-lettuce-tomato sandwich），除了煙肉和番茄，更不能沒有中間的L（lettuce）。然而，千帆過盡，美國人忘不了冰山生菜的清脆怡人，竟成了近年的農人市場上最先賣光的沙律菜，中餐館又恢復供應蠔油西生菜或腐乳椒絲炒生菜的菜式了。

我相信（只是相信而已）在香港的飲食場景中，仍然有不少店家使用西生菜，縱不如往日的流行，但在歷史上的地位、留下的一度光輝，我們都不會忘記。很可惜，我們再見不到那耀眼的紅牌子，原來BUDD牌已被國產卷心生菜排擠，市場已無容身之地，四五塊錢一包、也有紅色的牌子、但無出處聲明的卷心生菜，充斥市面，港人不察，以為買到的仍是「西」的生菜，照用無誤。其實今天的唐生菜品種，日見減少，已是一大不幸，再加上生菜的「西」變了「中」，而港人仍以「西」視之，諸如剝去外面老莢後循例不加清洗便撕下來用、切絲生吃、包生菜包，都隱含着吃下除蟲劑和各種化學肥料的風險。

但有兩道廣受歡迎的粵式炒飯：鹹魚雞粒炒飯和生炒牛肉飯，最後加入的生菜絲，如炒得爽口僅熟，仍有畫龍點睛之作用。

生炒牛肉飯

準備時間：25分鐘(醃牛肉時間不計)　　費用：約40元

材料

澳洲西冷扒肉	200克
油	3湯匙+2茶匙
乾葱頭	1大顆
蒜	1瓣
紹酒	2茶匙
隔夜白飯	2杯
雞蛋	2個
西生菜絲	1½杯
青葱	3棵

牛肉調味料

水	1湯匙
蛋白	1湯匙(取自上列的雞蛋)
頭抽	2茶匙
蠔油	1茶匙
胡椒粉、糖	各少許
紹酒	1茶匙
生粉	1茶匙滿
麻油	1茶匙
油	2茶匙

炒飯調味料

鹽	¼茶匙
越南富國魚露	2茶匙
糖	少許

提示

1. 將隔夜飯用手弄碎，比在鑊內用鏟鏟散省力。
2. 下油和魚露要沿鑊邊快速繞一圈「瀨」下方均勻。
3. 將半熟的蛋液與飯炒勻，是「金包銀」的方法，飯中有蛋味。
4. 越南魚露以富國出產的最鮮味，在成發椰子香料店有售(灣仔春園街18號)。

生炒牛肉飯人人會做，方法與其他炒飯沒有太大的分別，竅門在於牛肉一定要手切成小粒，不宜用現成機攪的，炒時才不致結塊。最後加點西生菜絲，口感更見清脆。

準備

1　西冷排去脂肪❶ 及筋膜❷，先切橫刀平片 0.4 厘米厚片❸，(最好放在鋁箔上排成梯形，置冰格內約30分鐘後拿出來)先切 0.4 厘米幼條❹，再切 0.4 厘米小粒❺。

2　放牛肉粒在碗內，先加1湯匙水拌勻❻，再加蛋白1湯匙同拌勻，置冰箱內待水完全吃進，約30分鐘，然後加入其餘調味料，一同拌勻待用❼。

3　隔夜白飯用手弄散，如覺黏手，可沾一點水❽。

4 乾葱頭和蒜頭各切小粒。雞蛋打散。西生
　菜吸乾水分，取中心部分切絲 ❾。青葱切
　粒 ❿。

炒法 _____

1 置中式易潔鑊在中大火上，鑊紅時下油2茶
　匙，加入乾葱爆至半透明後改為中火，加入
　牛肉粒，鋪成一層 ❶，稍煎一下便鏟動，加
　蒜粒，灒酒將牛肉炒散至八成熟便鏟出 ❷。

2 用濕廚紙把鑊揩淨，放回中火上，燒至鑊紅
　便倒下白飯，一面炒一面沿鑊邊快速「瀨」下
　約2湯匙油，炒至飯全部分散乾身，便撥開
　炒飯使中央留一空位，下油約1湯匙，倒下
　雞蛋液 ❸，不停鏟動至大部分蛋液開始凝
　固，便從四周把飯鏟下拌勻，疏落地撒下些
　鹽，沿着鑊邊平均地淋下魚露 ❹，繼續鏟動
　至飯粒全部分散。

3 改為中大火，牛肉粒回鑊，與飯同炒勻 ❺，
　加些糖調和魚露的鹹味 ❻，試味，加入生菜
　絲和葱粒 ❼，炒勻 ❽上碟供食。

快樂的牛

牛肉絲炒茭白

現時在全美國，最響噹噹的牛肉品牌是乃文牧場 Niman Ranch，專供應高等餐室的需要，著名的餐室都會將肉的來源寫在餐單上，當作菜名的一部分，食客見到餐牌上的牧場名字，大破慳囊也在所不計。像專飼養和牛的蛇河牧場（Snake River Farm），也有自己的品牌，生產的和牛稱「極黑牛」，豬肉稱「極黑豚」，見到這兩個牌子，便知道是該牧場的出產，質素有保證。而乃文牧場的牛肉、豬肉和羊肉，聲譽不下蛇河牧場，各有千秋，各有不同的銷路網。

不是所有美國人都醉心吃和牛，許多人認為它得太油、太軟，口感欠佳，反而鍾情各種牌子自然飼養的牛肉。乃文牛肉叫價頗高，但美國人仍樂於購用，多半是為了認同牧場創始人的環保意識，認同牛隻要像人類一樣，要有快樂的生活。牛隻是放養在如茵的草地上，欄廄保持清潔，天寒草枯時便飼以玉米、大麥、大豆等使肉味鮮美。就算送牛入屠房時也有專人護送，不使受驚嚇而致肌肉收緊，這樣肉質纔夠嫩滑。

説來話長，這位牧畜界的傳奇人物比爾乃文 Bill Niman，有一段起伏跌宕的歷史。那時美國牧畜業已日趨工業化，牛隻在有欠人道、有如工廠的地方生活，被大量注射抗生素以防傳染病毒，吃的飼料摻了肉粉外還加進催谷生長的賀爾蒙，以縮短飼養期。比爾有一個美夢，就是要回復傳統的牛隻飼養方法，使人們有機會吃到合乎衛生而又美味的牛肉。他不斷研究、實踐，在 1973 年和一位來到他的牧場借住，專心作學術研究的學者 Orville Schell 合夥，購買了位於 Bolinas 有 207 畝地的牧場，擴大經營。當時在柏克萊極負盛名的班尼士餐室（Chez Panisse），就是乃文牧場的重要主顧，很多加省的高檔餐室都爭相採用乃文牛肉，引以為傲。

繼着在洛杉磯和三藩市許多知名的大餐室都採用乃文牛肉，在供不應求之下，比爾到華盛頓州，愛荷華州和北加路羅納州等牧畜地區，組織起當地的傳統小牧場，由比爾自行挑選合格的，歸到 Niman 名下，他制定一套飼養法則，要所有參與的牧場嚴為遵守。小農一向被大企業壓迫，苦無出路，都樂於聯合一起，實現自然飼養的理想。在乃文旗下，漸由三百多戶增至今日的八百多戶。但自然飼養本來成本已夠高了，加以嚴格的飼養標準，比爾的乃文公司，雖然客戶已遍佈美國的大城市，仍連年虧蝕，一半股東都是有份參與的小農，向外招股後仍然沒有起色，結果在 2006 年與 Natural Food Holdings 公司合併。

經過三十多年的浮沉，比爾乃文雖然在經營上屢經挫折，但他覺得已盡力挽狂瀾於既倒，促進環保，保存而且發揚維持人道的自然畜牧的傳統方法，使美國人能認識自己每天所吃的是甚麼，所來何自，而加以選擇，雖敗猶榮也。

牛肉絲炒茭白

準備時間：40分鐘　　費用：約為40元

材料

砧扒牛肉或牛柳 225克
蛋白 1湯匙
油 2湯匙
嫩茭白 6條
鹽 .... 約¼茶匙
蒜 .... 2瓣，切幼絲
唐芹菜 2棵
葱 4棵
紅甜椒 1隻

牛肉調味料

水 ...... 1湯匙＋生粉2茶匙
蠔油 1湯匙
頂上頭抽 1湯匙
紹酒 2茶匙
糖 .... ½茶匙
胡椒粉 .... 少許
麻油 1茶匙
油 1湯匙

我這個食譜所用的，只是經過陳化、香港有得出售的美國牛肉，因為是後輩送我的，不及細問。讀者可代以本地牛肉、砧扒或牛柳尾部都合用。茭白是杭州來的，幼嫩無比，沾上了牛肉絲的濃味，有如好花綠葉相互扶持，韻味十足。

準備

1 牛肉逆紋切薄片，約0.3厘米厚❶。將肉片疊起成梯形，逆紋切0.3厘米細絲❷，置於碗中，下蛋白1湯匙拌勻❸。放入冰箱內約1小時。然後以水調勻生粉，加入牛肉絲內，再次第加入其餘調味料同拌勻❹，油最後下。

2 茭白去綠莢❺，刨皮❻，先切5厘米段，每段切薄片，約0.3厘米厚，再切成0.3厘米的細絲❼。

3 唐芹菜選最青綠的梗，切成如茭白大小的絲❽。葱白和紅椒亦切同樣大小的細絲❾。留用。

4 全部準備好材料見圖 ❿ 。

炒法

1 以中火在中式易潔鑊內，不加油(白鑊)烘乾
茭白絲 ❶，至軟時下油約1湯匙 ❷，加些許
鹽調味，鏟出。

2 拭淨鑊，置於中大火上，下油1湯匙，燒至
油熱便下牛肉絲，繼下蒜絲 ❸，將牛肉絲攤
開成一層 ❹，煎至底部稍為焦香 ❺，方將牛
肉絲反面 ❻，繼續煎至兩面差不多全熟便鏟
勻。

3 然後加進茭白絲 ❼、芹菜絲、紅椒絲和葱白
絲，兜勻試味後 ❽ 便可上碟供食。

文昌雞飯與海南雞飯

海南文昌雞飯

近年海南雞飯在香港大行其道，除了新加坡式、馬來西亞式，還有泰式，賣得火紅，把老祖宗的文昌雞飯趕至靠邊站，寂寂無聞，真冤枉！

我們很早便聽說海南島文昌縣生產一種優質的雞，雞種特殊，以三小兩短一圓為特色。三小者：頭小、身小、腳爪小；兩短者：脖子短，腳短，一圓為屁股圓。1935年，國民黨立海南島為第九行政區，宋家王朝之宋子文，原籍文昌，回鄉尋根時發現骨軟、肉嫩、味鮮的文昌雞，認為是前所未嚐的美食。他乘軍機飛返廣州時，帶了一批回去分贈親友，在廣州食壇一時傳為佳話。之後他還屢屢從海南用軍機空運文昌雞至穗，這畢竟是浪費公帑作私人用途，不足為法。

想宋子文當然在文昌吃過當地的雞飯，這是一種鄉土食製，把雞浸熟了，用肥美的雞油炒香絲苗米，以浸雞的湯作煮飯的米水，煮熟後握飯成團，雞切大塊，外加薑油，醋、辣椒、鹽和油調成的兩種蘸料。浸雞湯則加些冬菜、粉絲、冬菇和雞內臟燒成湯，便是海南人逢時逢節，有雞有飯有湯的家鄉雋品。這種海南式的文昌雞飯，便由此流傳於廣州。在海南，文昌雞、嘉積鴨、東山羊、和樂蟹是四大名菜，到過海南旅遊的人無不如數家珍。

先師特級校對陳夢因先生，在上世紀50年代出版的《食經》上，寫出他認為是正宗海南雞飯的做法：雞浸熟後用浸雞湯煮飯。一位讀者黃明先生寫信來糾正如下：

「海南雞飯」即「文昌雞飯」，因全海南以文昌所產之雞為最著名，雞肥而雞骨軟，皆因以椰子渣混糠作飼料，且雞在籠中絕不放出，如此雞在籠內既有營養，而又不運動，故肥嫩。

文昌雞飯以文昌縣清瀾港下墟之「奀三」為最著名，文城人士多搭車至此光顧。奀三的文昌雞飯做法是雞浸熟，其飯是先用草果、薑、蒜、雞油開鑊，將米炒過然後落豬油（一斤米落豬油一羹）、鹽及少許雞湯一併落鑊，待飯熟後切件送上。另外則用薑、醋、辣椒、雞油混和作蘸用。海南人食雞多切至長三寸濶寸許，慣用手拈雞送酒，其味無窮。

此外尚將少許剩餘的雞湯加以冬菜。粉絲、扶翅、冬菇作湯，隨飯上。

2001年，我按着特級校對的遺作《食經》十集，配以食譜，編成一套兩冊的《粵菜文化溯源系列》，其中的海南雞飯，就是依足黃明先生的指示去做的。當時就只做過這麼一次，非常滋味，可惜雞油太肥，一直沒有膽量再做。

我買過兩隻冰鮮的文昌雞，一大一小，烹後印象認為雞皮極脆，皮下無脂肪，胸肉鮮美結實，不似現時活雞胸的粗糙，頗有法國名產布列斯雞（Bresse chicken）雞胸肉之風，腿肉較乾，而雞骨頗硬，恐係經走地飼養一個時期最後縭入籠「槽」肥出售。小的約重900克，雞肉較大隻的更嫩，但骨仍嫌硬。冰鮮文昌雞，果是美中不足，如能有活的文昌雞，那就超正了。

海南文昌雞飯

準備時間：約1小時　　費用：90元

材料

海南文昌雞....1隻，約1350克

浸雞料
葱結 4棵
薑 4片
紹酒 1湯匙

香料水
油 1茶匙
葱 2棵
芫茜 4棵連頭
薑 1塊約20克
水 2杯
鹽 ....¼杯

雞飯料
雞尾脂肪 1塊
草果 1個拍碎
薑 4片
蒜頭 ....4瓣，拍扁
絲苗米 2杯
浸雞湯 3杯
鹽 1茶匙

雞湯料
浸雞湯 ....3杯＋水1杯
粉絲 20克
冬菜 ....¼杯
水發冬菇 .....2隻，切薄片

蘸料（1）
薑 ....1塊約40克，磨茸
滾油 2湯匙
乾葱 .....1個，切至極碎（隨意）
鹽 ....½茶匙

蘸料（2）
長紅椒 1大隻
小紅椒 2-3隻
滾油、白醋.........各1湯匙
鹽 ....⅛茶匙滿

現時在香港流行的海南雞飯實是文昌雞飯的濫觴，做法是在上世紀30年代由一位新加坡華僑從海南帶回，經過多方改良而成，今日的蘸料中有黑豉油，是地道的新加坡式。

準備

1 米洗淨，置疏箕內瀝去多餘水分。

2 薑茸置小碗內，拌入鹽和乾葱粒（如用），燒滾2湯匙油，淋在薑茸上，拌勻。

3 兩種紅椒去籽，切小粒，放在春坎內春碎，放入另一碗內，淋下滾油1湯匙，再加入白醋和鹽，拌勻留用。

4 香料水煮法：小鍋置中大火上，下油1茶匙，爆香薑葱蒜 ❶，加水2杯，煮至水開，料頭變軟加鹽後 ❷ 便可移出擱涼，放入冰箱內冷藏待用。

浸雞法

1 雞洗淨，撕出雞尾附近的雞脂肪，留用。剪去腳。

2 3公升湯鍋加水八分滿，置大火上，燒至水開時投下薑葱，把雞放入，胸先向下 ❶，以木匙插入雞腔，把雞豎起，從雞尾開口處用大湯匙灌滾湯入雞腔內數次 ❷，讓雞腔先行受熱，再把冷了的水倒出來，如是灌了又倒出，倒了又灌，重做3次 ❸，最後胸先向上，蓋起，改為小火，焗15分鐘。

3 揭蓋後將雞翻面 ❹，大火把水燒開，加蓋後再改為小火，焗 10 分鐘，是時胸向下。試以竹籤插入雞腿最厚部分，如無血水流出便是全熟。不然，小火多焗 5 分鐘。

4 大盆內放下冰 2 盤，冰水 1 瓶，冷凍香料水同拌勻，加入雞，將冰塊填入雞腔內 ❺，一直浸雞至冰完全溶化，雞身變冷便可斬雞。

煮飯法

1 置 2 公升厚身易潔湯鍋在中大火上，加入雞脂肪，爆至出油便投入草果同爆，繼下薑和蒜瓣 ❶，至香氣散發便加入米同炒透 ❷。

2 加浸雞湯 3 杯和鹽，中大火煮米見有大氣泡（俗稱蝦眼）出現，繼續煮至大氣泡變為小氣泡 ❸，加蓋，改為小火，煮 4 分鐘，關火，焗 10 分鐘。

斬雞法

1 雞皮遍塗麻油，先去頭頸，斬出翼，在背上兩塊滑肉之上割一十字 ❶，以利將腿拉出。沿雞腿切開，直至達到十字，一拉，雞腿便與雞身分離 ❷。如法斬另一半，餘下雞全身，然後把雞身豎起，從尾斬至頸把雞身分為胸肉和背肉兩部分。拆出胸肉，移去胸骨 ❸。

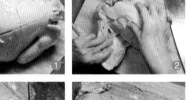

2 依胸肉紋順切成長條 ❹，上腿及下腿肉俱去骨，亦順紋切成長條 ❺，先後排在長盤上。供食。

提示

1. 浸雞前先準備用冷開水做冰塊 2 盤，冰開水 1 瓶。
2. 雞湯所需之冬菜要洗淨，粉絲浸軟，和 3 杯浸雞湯同煮成冬菜湯。不用煮得太久，粉絲煮至透明便可。
3. 如嫌費事，炒透米後可轉至電飯鍋，加水 3 杯或多一些，按掣煮成飯。
4. 香港市上任何雞都可做海南式文昌雞飯，活雞尤勝。

垂涎欲滴

　　我得承認一向對四川菜沒有親身的體驗。上世紀70年代為了應付美國學生的要求，硬生生地從食譜上研究了幾個當時盛行於加省的四川菜，這些菜式都是由張大千先生的家廚設館(菜館)授徒流傳出來的，口味可能與正宗的四川菜有些距離。直至1992年外子退休前我方有機會到成都品嚐道地的川菜。但很奇怪，逗留一星期，不曾吃過叫做「口水雞」的東西，我搜集的四川食譜上，竟沒有這一道菜，想見口水雞是近十幾年的新菜式。

　　平生只吃過一次口水雞，是多年前在余健志的私房菜館。我們的菜還沒有端出來，早就聞到鄰桌口水雞的四川椒香瀰漫滿室，中人欲「咳」，但又禁不住誘惑，大口大口把香氣吸下去，雞未嚐到口腔已是垂涎欲滴，味蕾大開，恐怕這就是菜名的由來吧！那時我還是身壯力健，除了味精，很多東西都能吃，那晚吃得十分開懷，到最後余健志出來謝客，玉樹臨風，一表人才，我老婆婆眼前一亮，讚歎怎會有這麼俊朗的年青廚子！回家寫了一篇長文以記他的fusion菜，還勉勵他多在基本功上努力，該有更大的突破。

　　這是六年前的事了，余健志現時是飲食明星，人氣甚盛，分店開了六家，名聲也從香港傳遍台灣、東南亞、甚至法國，也算是個飲食實業家了。前一陣跟他踫面的時候他還是那麼彬彬有禮，笑容可掬，「Auntie，很久不見了，有空要來吃飯呀！」就算感覺早已遲鈍的老人家，聽了也會覺得飄飄然！

　　我無端做起口水雞，皆因好食譜難求，於是毅然跨出粵菜的大門檻。這道菜的做法，不敢說是正宗，只是採集了四川的怪味雞、棒棒雞和椒麻雞的醬料，混和而成我的口水雞。余健志到法國里昂表演這道菜時，英譯抓不到重心，覺得直譯為Saliva Chicken不雅聽，只好譯為Spicy Sauce Chicken。寄語余健志，若譯作Mouth-watering Chicken，更能傳神哩！

　　近年因背患，從西醫轉向中醫，被中醫師的戒口條例釘得死死，辛辣不能食，那真是只好口水長流了。因為我不能吃辣，不想平白浪費一隻活雞，改買唐順興的惠州冰鮮雞示範。學生麥麗敏來幫忙，看見我用冰鮮雞，大不以為然，狠狠批評老師的選料水準低。雞做好了，她說了不吃便不試吃。其實近日的活雞也實在太昂貴了，我也應該為那些不介意吃冰鮮雞的讀者另闢蹊徑吧！堅持不吃冰鮮雞的，參考方法好了；我甘心承擔格調低的指責。

　　結果，原盤雞用籃子盛好，送給摰友黃惠華，她是馬來西亞人，很能吃辣，她夫婦倆是佛教徒，不忍為口福而殺雞，只吃冰鮮的，送她口水雞正合她心意。可見一人之珍品，可能是他人的糟粕哩！

口水雞

準備時間：約1小時　　費用：45元

材料

冰鮮三黃雞或惠州雞..1隻，約重800克

浸雞料

花椒 2湯匙
紹酒 2湯匙
鹽 1湯匙
薑 3片
葱 2棵

辣汁料

油 2湯匙
花椒 1湯匙
小泰國紅椒...3隻，去籽切碎
蒜 ....2瓣，剁成茸
頭抽 3湯匙
芝麻醬 1湯匙
辣椒紅油 3湯匙
糖 1湯匙
白醋 2湯匙
麻油 2茶匙
鹽 1茶匙
冷開水 ....¼杯
珠豆花生 ....¼杯
白芝麻 1湯匙
芫荽 ....1棵，切碎
唐芹菜梗 ....1棵，切碎
葱白 2棵切碎
小青瓜......................2條

口水雞的特色在它的汁醬，集麻、辣、香、鮮、鹹、甜、酸多種味道，色澤亮麗，七彩繽紛，香氣尤為吸引。購買花椒時切記要選新鮮的，香料店的貨色比中藥店的上乘。

準備

1 預先準備好2盤冰及1瓶冰水。把花椒放入日本茶包內❶。

2 芝麻炒香❷，花生炒至外皮脫落❸，青瓜切滾刀塊❹。

浸雞法(參考p.39)

辣汁做法

1 置小湯鍋於中小火上，放下花椒，炒至香氣散發，下油2湯匙，加入小紅辣椒，繼下蒜茸同爆❶，即連油移出至碗內❷。

2 按次第下頭抽、麻醬、紅油、糖、醋、麻油和鹽一同拌勻❸。

> **提示**
> 紅色辣椒油在各大超級市場或南貨店有售。

雞出骨法

1 先在雞背上切一十字紋,使易於撕出雞腿 ①。從十字一頭起,沿着雞腿的皮切一周 ②,雞腿一拉便出 ③,跟着切出其餘的雞 腿、胸肉和兩翼 ④。胸肉去皮去骨,從中分 切兩半,順紋斜切成1.5厘米寬的長條 ⑤。

2 排一部分青瓜塊在碟中央,將雞胸肉排在青 瓜塊上。

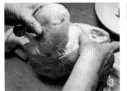 

3 雞腿分上、下兩塊 ⑥,去大柱骨 ⑦,切出與 胸肉同一大小之粗條,排在胸肉上,翼分置 兩旁 ⑧。

供食

逐匙淋下辣汁 ①,再將餘下的青瓜圍邊 ②,鋪 上炒花生,平均地撒下芝麻,再加芫荽粒、葱 粒和芹菜粒在上。可冷食亦可熱食。

《原味粵菜譜》

骨香甘露雞

回到美國的家，坐在兩大書架的食譜前，感慨頓生。我與這堆中西飲食書籍為伍，屈指四十年，雖然二十多年來多半時候留在香港，但不免時常惦記這些在美國的無價身外物，為了應該如何妥善處理，大傷腦筋。

看到近日食家唯靈本着上世紀20年代的舊食譜《美味求真》演繹傳統粵菜，便記起1967年從美東搬家到加州，在舊金山唐人街一家小舊書店買到幾本特級校對的薄薄《食經》、一本陳榮的《漢饌大全》和一冊殘舊不堪的《美味求真》。那時我還未真正的下廚學燒飯，除了《食經》比較簡單明瞭，其餘兩本都看不懂，尤其是《美味求真》，有如天書，沒有烹調底子的我，讀而不明，擱在一旁算了。後來得陳榮師傅送我們一本《入廚三十年》，加上特級校對的《食經》，便開始我的學廚生涯。直至現在，我還是不時翻閱這兩位作者的遺著，從這些五十多年前的食譜中，得到很大的啟發和靈感。至於《美味求真》，仍然不敢領教。這次回家，想找它出來再讀，但車房中的書箱，疊如山高，那有這等氣力，只好放棄。

在書房的書架上，找出四本趙振羨著的食譜；分別為粵菜、素菜、點心和技法，最有意義的是《原味粵菜譜》，是我在1974年首次從美回港時購得的。那時我非復吳下亞蒙，已經為人師表，親自下廚專教傳統粵菜了。看他的食譜，覺得頭頭是道，往往略加修改便可以依樣畫葫蘆，確是獲益良多。

那時我在家設筵席班，從他的食譜中找到幾道十分美味的菜饌，這書成於1972年，距今足足三十八年，現在重讀一次，仍有很深刻的感受。難得的是，他鑒於當時的粵菜，用搶喉的味精提味，不但主料的真味埋沒了，也大失粵菜的本色；所以他便以提倡「原味」為主旨，寫下了這一系列食譜。

趙先生在序文中自我介紹，說是生於華僑之鄉，自幼愛好烹飪，抗戰期間曾到省港澳、滇貴、湛江及緬甸各地，得嚐當地名菜佳饌，對烹調方法有所涉獵，故將個人一得之見，公諸同好云云，但他沒有直接承認自己是廚師。計算起來，在抗日期間，他已累積不少入廚經驗，那時我還是個中學生，他現在該有九十歲過外了。如果趙先生仍然健在，看到今日香港粵菜的走向，他會多麼傷心！對於當下的食風，誰能以雷霆萬鈞之力把整個飲食場景轉換呢？我一心一德去維護粵菜的優良傳統，也日見喪氣，只好嘆有心無力了！

《原味粵菜譜》包羅食譜達三百餘款，步驟層次分明，可見趙先生是既能煮又能寫的烹調通才。書中更有彩色插圖四十幅，是一本十分完備的粵菜食譜，盡顯作者的心思。可惜很多菜饌都用許多種不同的作料，家庭下廚人要集齊所有材料方能試做，同時也未能逃出用小蘇打粉醃牛肉和蝦肉的窠臼，誠為美中不足。

食譜中有一道菜叫「骨香甘露雞」，是很好的教材，包括整雞出骨法，上粉炸香，斬件後澆一個橘子芡，我改炸為煎，最合小規模家廚之用。現時香港食肆流行的雞扒，為了省時省事，都是炸脆的多，不若煎的輕盈和較能突出雞的原味。

骨香甘露雞

準備時間：1小時　　費用：100/50元

材料

新鮮或冰鮮光雞 .. 1隻(約1000克)
油 4湯匙
薑 .... 1塊約30克，榨汁
西檸檬 .... 1個，榨汁
粟粉 .... ⅓杯
乾葱頭 .... 1顆，拍扁
蒜 .... 1瓣，切片
生粉 ...... 2茶匙＋水3湯匙

醃雞料

紹酒 1湯匙
生抽 1湯匙
老抽 1茶匙
鹽 .... ¼茶匙
薑汁 1湯匙
沙薑粉 1茶匙
蛋白 1個

芡汁料

檸檬汁 .... 3湯匙(見上)
雞湯 1杯
糖 .... 1湯匙(或多些)
胡椒粉 .... 少許
麻油 .... ½茶匙

這道菜的雞骨，早已去清，骨香何來？想見當時的食風，菜名一定要花巧悦耳，食客非經過多方參詳不可。會不會是「橘」香甘露雞呢？甘露材料除了上湯、檸汁外，還有橙汁和茄汁，我恐怕芡汁太複雜，減去茄汁和橙汁了。

準備

1 雞出骨法：
（a）雞斬去腳和頭，切
　　去雞尾 ❶❷❸，
　　用剪刀從雞尾部
　　分沿脊骨剪上
　　❹，再把整條脊骨
　　連頸剪出 ❺。

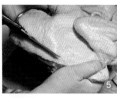

（b）將背上一邊的肉
　　片出 ❻，同樣亦
　　片出其餘一邊
　　背肉。

（c）沿鎖骨分開鎖骨與胸肉 ❼，在鎖骨與翼的
關節向下一刀 ❽，拉出胸肉 ❾。

（d）另一邊同樣做法，便現出雞的胸腔骨架
❿。用力拉肉離開骨架 ⓫，便成一大塊雞
扒，但兩腿、兩翼仍與雞身相連 ⓬。

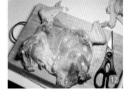

（e）切斷連結上、下腿間之關節，剔出上腿之
大柱骨 ⓭，下腿柱骨亦同樣剔出 ⓮。

（f）是時片去一部分下腿肉，以免過厚 ⓯。

（g）最後拉出翼骨 ⑯，於是全部雞骨出清 ⑰。

（h）平放雞肉在板上，皮向下，以刀遍割鑽石
　　紋在雞肉上 ⑱，用鬆肉槌敲薄雞肉 ⑲。反
　　轉雞肉，皮向上，用鋤針在皮上遍插小孔
　　疏氣 ⑳。出骨程序完成。

2 中碗內加入各項醃料，打下蛋白1個同拌
　匀。以醃料擦匀雞肉，擱約半小時。

3 平碟上鋪上粟粉，放置整塊雞肉在乾粉內，
　撲粉在一面 ㉑，再撲其餘一面 ㉒。

煎法

1 置平底易潔鑊於中火上，鑊熱時下油4湯匙，平放雞塊在鑊上，皮先向下 ❶，煎香後反面，慢慢煎至微黃 ❷。

2 改為中小火，以湯匙澆鑊內之油在雞皮上 ❸，亦慢煎雞肉的一面至身硬、色呈金黃，反面再煎，前後約15分鐘，以竹籤插進雞肉，如無血溢出便是夠熟 ❹。移出放在平碟上稍擱涼，然後斬件排在菜盤上 ❺。

芡汁煮法

1 倒出鑊內餘下的油，留些許在鑊內，置鑊於中火上，加入乾葱爆至透明方放下蒜片同炒勻 ❶。

2 加入全部汁料，勾芡，不停鏟動至汁呈透明，磨下檸檬皮茸 ❷，試味，下麻油包尾。淋汁液在雞塊上 ❸供食。

我是佛山人

柱侯雞

請不要誤會我是名重清華大學的「我佛山人」吳雨僧先生，我不過是千千萬萬原籍南海縣、佛山鎮、塱邊鄉江姓人家的後裔吧了。

佛山是中國四大名鎮之一，以前隸屬南海縣，解放後中國改編地理，南海改歸佛山。這塊廣東武術的發源地，大家都知道有黃飛鴻、寶芝林，還有正在當紅的葉問。但這些和我搭不上關係，我只記得佛山塱邊是我家鄉，有很多好吃的東西而已。

小時候有親戚從鄉下來，總會帶來很多手信，一定有盲公餅，是盛在罐子裏的。盲公餅成半球形，約一吋半直徑，口感頗像杏仁餅，只是用炒米來做，比較脆硬，中央有一塊肥肉，甘爽豐腴，一口咬下去，卜的一聲，鬆化滋味。那時我不懂得問為甚麼這樣好吃的小餅，會叫盲公餅，又和那一個盲公扯上關係呢？直至現在，就算地道的佛山人也說不出所以然，而盲公餅的質素，也難似往日。

最可口的要算佛山式的「白雲豬手」，豬手三煮三沖冷水使皮爽脆，然後放入盛在玻璃瓶內的滷汁浸醃。小孩子不懂來龍去脈，有得食便如獲至寶，豬手爽口，滷汁鹹香中帶微酸，可以拿豬手在手中細嚼慢吮，雖然說是家鄉雋品，也不是經常有得吃，所以覺得特別好味。另外一種叫佛山醃紮蹄，是把豬手去除筋骨，瓤入醃肥肉和豬精肉，紮起回復豬手形狀，慢煮（醃）而成。我覺得醃料的香料味太重，興趣不高。1979年我年第一次回鄉找尋先祖父的山墳，為當時塱邊鄉所屬的張槎公社熱情招待，並送我家鄉名產醃紮豬蹄作手信，兒時記憶中的香料味，仍強烈如昨，回到廣州時，轉送給家人了。

經常從鄉間帶來的一種調味品，稱「柱侯醬」。我家雖自曬原豉醬，但柱侯醬比原豉醬的味道複雜得多；平日燒菜，若以柱侯醬代原豉醬的，一吃便能分辨出來。這種佛山始創的醬料，是梁柱侯在一百多年前所發明。他本來是佛山三品樓的廚師，無意之間在原豉醬內加入了糖、果皮、薑、蒜茸和芝麻，搗爛成幼緻的醬，此醬無名，當時的人都以柱侯醬稱之；若加在肉類或禽肉內作調味品，風味頓然不同。梁柱侯的首本菜是柱侯雞，可以原隻加醬去燜，或將雞切件，用醬爆香再燜膉便成，兩種做法都各具特色，難分高下。難怪佛山人十分自豪地說：「未嚐柱侯雞，枉作佛山行」了。

我家用柱侯醬，隨意得很，不必限於禽類或肉類上，甚至煮豆腐、煮素菜都無不適宜。說到燜牛腩，那就非用柱侯醬不可了。中秋節的芋仔燜鴨，少了柱侯醬，就是不對勁。天氣寒冷時，柱侯醬煮魚腩豆腐，盛在耐熱盤中，置小炭爐上慢燒，那份香氣，真的誘人垂涎欲滴。

在香港的國貨公司，可以買到佛山製造的柱侯醬。本港調製的，不同的醬園也有不同的配方，要找瓶裝、牌子可靠為是。

柱侯雞

準備時間：40分鐘　　費用：90/40元

材料

新鮮(或冰鮮)芝麻光雞....1隻，約900克
生抽 2茶匙
胡椒粉 ....¼茶匙
生粉 2茶匙
油 1湯匙
乾葱 ....4顆，拍扁
薑 ....20克，拍扁
蒜 ....1瓣，剁碎
柱侯醬 2湯匙
白糖 1茶匙滿
紹酒 1湯匙
麻油 1茶匙
青葱 4棵
小紅椒............1隻(隨意)

雞不宜太大，個子小的芝麻雞最合適。我較喜歡把雞斬件用柱侯醬去燜，有時可用半隻便夠，上碟前加些許葱段會更香，加辣也無妨，是一道快菜，正好下飯哩！

提示

1. 傳統的柱侯雞是原隻的，為求省事，我改用雞塊，也不用泡油的方法，纔有家庭的風味。
2. 以前西樵是由三水、南海、鶴山三縣共管的，所以西樵大餅也算是佛山出產。

準備

1 光雞洗淨裏外，斬去雞腳 ❶、雞頭和頸 ❷，瀝乾水。

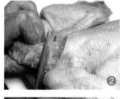

2 以廚剪從背部沿脊柱一邊剪開 ❸，再沿另一邊把全條脊柱剪出 ❹，與先前剪出的雞頭、腳和頸放在 2 公升的小鍋內 ❺，加水大半滿，薑一小塊，大火燒開，撇去浮泡，加蓋，中火收湯為 1 杯，隔過留用 ❻。

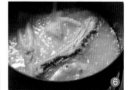

3 雞先斬去兩翼 ⑦，後兩腿 ⑧，沿胸骨斬成兩半 ⑨ 便餘下雞胸和部分背部，分別斬成雞塊 ⑩，放大碗中，加入生抽、胡椒粉和生粉 ⑪，拌勻後醃15分鐘 ⑫。

4 青葱用葱白部分約12厘米，斜切成葱欖，小紅椒切絲。

燜法

1 置中式易潔鑊在中大火上，鑊紅時下油1湯匙，加入雞塊 ❶，不停鏟動至雞塊脫生便鏟出 ❷，盛出鑊內之油，留油約2湯匙在鑊。

2 原鑊放下乾葱和薑，爆透後鏟向鑊之一旁，中央放下柱侯醬、糖、蒜茸 ❸，鏟至糖溶便將雞塊回鑊鏟勻 ❹，潛酒，加雞湯½杯（見準備2），燒至湯開時加蓋 ❺，改為中火，燜雞約8-10分鐘至汁液收乾時便試味，加麻油包尾，最後撒下葱段和紅椒絲 ❻，不用勾芡，炒勻上碟。

煲仔飯與有味飯

瑤柱雞煲飯

　　寒風砭骨的日子，最賞心的享受是吃「煲仔飯」。平日多半外食的人，工作了一整天，也該有頓可充飢而又暖肚的晚餐，但獨居的上班族，不期然會想到一「煲」熱騰騰、有飯有餸的「煲仔飯」，吃飽了渾身暖和通泰，回家好好休息，明天再接再厲，拼博一番。

　　但，這麼用小瓦鍋來燒一人份的飯，絕不是我家那「煲」飯。因為我甚少外食，也很幸運，不用獨食。我的煲仔飯謬論是：家庭不宜。理由十分簡單。今日的小家庭，父母子女已難得一起吃飯，若是有機會同桌時還要你一煲我一煲的，各自修行，那還成體統！要吃，一家冒着寒意，衝出家門，瑟縮在大排檔外的街頭小桌，各適其適。而且點吃不同食料的飯，互相交換試食，多了選擇，更形有趣。

　　記起很久以前，我女兒初結婚時，因為她夫婦要等新房子竣工，我請他們來一同暫住。當時我們四人都有工作，我每星期有兩晚要到離家數十里外的地方教中菜，很多時我把米洗好，飯上的餸都準備停妥，女兒下班後由她來主理，把飯燒至「起蝦眼」，便把餸料排在飯上焗熟。食時先把餸盛出，飯則加調味料拌勻，有飯有餸，各人豐足溫飽，沒有人會埋怨。到我十一時後回家，只要把鍋子翻熱，裏面有留給我的一份飯。

　　竟日工作，開車費神，誰都不願意多花時間去燒飯，一鍋這樣的「有味飯」，正合時宜。飯上的餸，時時更換；最便捷的是臘腸冬菇雞飯，買一隻雞，斬去脊骨，除去四柱大骨，其他部分斬件，用調味料拌好，加臘腸冬菇，最後由我女兒完成。其他如牛肉飯；瑤柱肉餅飯；鹹魚肉餅飯；排骨飯等等，不一定要等天寒，只求其方便，當時已覺很滿足了。

　　數十年來我寫的食譜，只有用微波爐煮的「煲仔窩蛋青豆牛肉飯」一則，那是特為單身者而設，簡單易做，烹具和盛器都是那日本小砂鍋，用的是上好現成機攪牛肉碎和美國急凍青豆，飯熟後打下一個雞蛋，再加熱，與牛肉拌勻了蓋起焗片時，便是有肉、有菜、有澱粉、營養均衡、省事兼暖肚的晚飯。算來也是十八年前的事了。

　　我有一套不同大小的德國 Berndes 牌的厚身易潔鍋，為求飯面有較大的空間，餸料能平均排放，我選一個直徑25厘米的。我燒菜雖然一絲不苟，選料卻不能心想便可買得。自從背患後萬事仰仗於傭人，她只懂有限的廣東話，言語交通上少不免有問題。想買好米嗎？要到西環，她又不能讀字，找店址十分困難。我只能遷就，用超市的金鳳牌泰國香米，倒也不俗。這鍋有味飯是以瑤柱掛帥的，用量比較多，為使雞快熟，我把雞去了骨，調好味後爆炒至七成熟，加在飯面，飯熟後雞也滑溜可口了。

珧柱雞煲飯

準備時間：全程約50分鐘　　費用：約160元（可供4人用）

材料

海南文昌雞... 1隻，約900克
油 .... 1湯匙 +2湯匙
鹽 .... 1茶匙(或多些)
特大碎珧柱....70克(多少隨意)
紹酒 2茶匙
泰國香米 3杯
水4杯 +珧柱汁和菇汁...共5杯
薑 .... 1塊，40克
花菇 3隻
青葱 6棵

調味料

蠔油 1湯匙
大孖頭抽 1湯匙
薑汁酒 1湯匙
鹽 .... 少許
糖 .... ½茶匙
胡椒粉 .... ⅛茶匙
麻油 2茶匙
生粉 1茶匙

提示

1. 雞肉出骨，為的是快熟，而且血水不會掉在飯面。如嫌費事，連骨斬件亦可，但起碼要多焗5-6分鐘。
2. 飯滾時會產生氣泡，會由大而變小，故有大、小「蝦眼」出現。
3. 讀者若堅持用傳統瓦鍋，請便，做法是一樣的，只是有飯焦吧了！
4. 傳熱板在 city' super、Pan Handler 或上海街有售，目的是使鍋內的飯不直接受熱，而且熱力可分佈均勻。

做這個食譜那天，剛巧是冬節，大埔街市人山人海，傭人無法擠進買活雞的地方，我便着她到上水買隻冰鮮文昌雞，取它雞味好，皮下脂肪少，又不用忍受雞販的就節起價。我不是要省，而是要合乎健康和方便。

準備

1 珧柱沖淨，放碗內加沸水1杯，浸至身軟，約1小時，加入薑4片，紹酒2茶匙，中大火蒸40分鐘 ❶，移出撕成細絲 ❷，汁留用。

2 白米洗淨，置疏箕內瀝去水分 ❸。

3 冬菇以½杯熱水浸至發漲，斜切成0.4厘米厚片。

4 葱只用葱白，切3厘米長段。薑去皮，先切出4片作為蒸珧柱之用，其餘一半磨汁，加在調味料之紹酒中，共成1湯匙，另一半切細絲。

5 參考第46頁的方法把雞出骨。

6 將所有雞肉放在大碗內，加入調味料和薑絲，拌勻待用 ❹。

煮飯法

1 厚身易潔鍋置於大火上，下油1湯匙，加入
  珧柱絲爆香 ❶，倒下水4杯、菇汁和珧柱汁
  共5杯 ❷，燒至湯開，放入米拌勻 ❸。繼續
  大火煮，不加蓋。

2 是時在另一爐火上以2湯匙油，大火爆炒雞
  塊至七成熟便鏟出 ❹。

3 鍋內之珧柱飯應已煮至起「大蝦眼」❺，再煮
  一會，見蝦眼由大變小 ❻，便可排雞肉在飯
  面上 ❼，改為中小火，蓋起 ❽，整鍋放在已
  預熱之傳熱板上 ❾，焗20分鐘便熟 ❿。

4 夾出雞肉 ⓫，試飯味，如覺味淡，可酌加頭
  抽及些許鹽，把飯拌勻 ⓬，將雞肉蓋回飯
  面，原鍋上桌，分碗供食。

子薑和鴨

子薑鴨片

泳友新添孫，興奮到不得了，親自下廚為媳婦煮薑醋，又帶到馬會分給同時段游泳的好友，人各一盒。她一向喜歡下廚，所做的薑醋自然料正味佳，但很奇怪，她反傳統不用老薑，代以子薑；她振振有辭的說，住月婆的薑醋一定要用老薑方能驅風，送給大家吃的用子薑才不會只吃光豬腳雞蛋，喝完醋，留下的都是多「渣」的老薑。聽來大條道理，吃來也十分嫩口，不留渣滴。

從前只要我留在香港過暑假，我一定醃好一瓶瓶的酸子薑，待哥哥來到讓他吃個痛快。自從哥哥在2004年棄世後，我不醃子薑多年了。今年回美只留一個月，返港後子薑仍嫩，於是循例再做一道子薑菜。子薑蜜糖燜雞做過了，子薑炒牛腒也做過了，本想做紫蘿鴨片的，但找不到我喜歡的大陸小菠蘿，改用三色甜椒，炒其薑芽鴨片。

說到鴨，我記得以前義務為美國抗癌會上門到會時，會有這個熱葷，用的是兩隻鴨的鴨胸肉，還蒙特級校對在他的《講食集》大書特書讚許我一番。美國唐人街的鴨早已不是現宰現售，必得遵照美國農業部的規例，宰後一定放入冰池內降溫，再用冰藏好，而且要在唐人街方有出售。平日在小鎮住的亞裔，吃的都是急凍鴨，習以為常。

在香港我喜歡吃那些現宰的本地飼養米鴨，一如吃新鮮雞那末開心。自從禁了現宰生鴨，想吃鴨，只有那些冰鮮貨，每每在街市徘徊，買不下手。要吃煎鴨和薰鴨，法國進口鴨胸是最上乘的，但太貴，不普及。有一段時期我每星期都到香港蘇杭街看針灸醫生，知道那裏有幾家上等凍肉店，有很多種從東歐進口的禽肉品，也用過不少種類；諸如鴨胸、鴨翼、鴨舌、鴨腳，尤其鵝掌翼最正。我們在外國是吃慣冰鮮和急凍貨的，不會歧視。

最近一兩年，中國急凍鴨胸上市，由五豐行代理，多家凍肉專門店和一般超級市場都有售，很便宜，十五塊錢有兩塊，即是一隻鴨的胸，超平，但味不足。

結果我請學生麥麗敏到蘇杭街代購東歐來的鴨胸肉。我不是不懂得揀飲擇食，我其實比別人的嘴更要刁，但我不能容忍的，反而是上乘的作料，被低劣的烹調弄壞了。做一道菜，用甚麼作料，應該如何處理方能達到「見而悅之，食而甘之」的境界，才是正道，這也是我老師的教誨。

三色椒嗎？最甜最可愛的是比利時進口的小型四色椒，可炒可瓤，可作沙律，但買一小盤，所費已不菲，豈非「妹仔大過主人婆？」只好在超市買了一串所謂交通燈的三色椒，惜肉太厚，口感比不上我們小時常吃的燈籠椒。

時代變了，只記得吃過好吃的，再尋尋覓覓，以為驀然回首便可信手拈來，那你真是白日發大夢了。

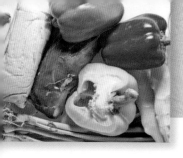

子薑鴨片

準備時間：45分鐘　　費用：約35元

材料

急凍鴨胸 ..2塊，約400克
泡油用油 2杯
子薑 150克
鹽 1茶匙
白醋、糖 ....各½杯
紅、青、黃甜椒 .. 各20克
蒜 ....1瓣，切片
葱白 ....2棵、切欖形
醃子薑糖醋.............1湯匙

鴨片醃料

水 2湯匙
蛋白 1湯匙
馬蹄粉 1茶匙滿
大孖頭抽 2茶匙
蠔油 1茶匙
麻油、胡椒粉 ....適量

芡汁料

雞湯 ....¼杯
生抽 1茶匙
生粉 ....¼茶匙滿

我把主副料的情況都分析了，要用哪一種，那是個人的選擇。做菜要有彈性，能堅持不時不食這個宗旨，對菜餚的口味，會有很大幫助的。子薑一過時，郇廚也束手無策。

準備

1 小鍋內中小火煮溶白醋和糖 ❶，擱冷候用。

2 鴨胸去皮 ❷，剔去可見脂肪和筋膜 ❸，逆紋切薄片 ❹，放進碗內，加水2湯匙拌勻，放在冰箱內擱至水分為鴨片所吸收，方加入其他醃料同拌勻 ❺。

3 將三色椒切成鑽石形小塊 ❻，留用。

4 子薑刮去皮 **7**，洗淨，切薄片，約0.4厘米厚 **8**，放在碗內，加鹽抓勻 **9**，待20分鐘 **10**，擠去水分 **11**，放入糖醋內，醃約15分鐘，瀝去醋 **12**。

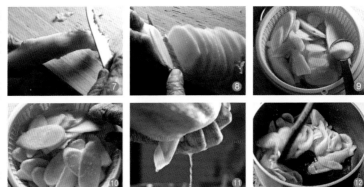

5 調勻芡汁待用，是時可加入1湯匙醃過子薑的糖醋。

炒法

1 置鑊於中大火上，鑊紅時下油2杯，燒至溫度約為180℃再拌一下醃好鴨片使勿過分黏連，全部投入熱油內鏟散 **1**，見鴨片開始轉色時 **2**，立即移出鴨片至架於大碗上之炸籬內瀝油。關火。

2 將三色椒全部放進熱油內 **3**，利用餘熱將椒塊泡油至五成熟，鏟出瀝油 **4**，留油約1湯匙在鑊，置於中大火上，加入蒜片爆香 **5**，鴨肉回鑊，下子薑和三色椒兜炒數回，潛酒 **6** **7**。

3 再拌勻調好芡汁料，吊下鑊內，鏟動至稠 **8**，試味，下葱白，鏟出供食。

買鴿、食鴿和煮鴿

玫瑰茶燻乳鴿

我一家人都很喜歡吃鴿，住在美國加省時，冰鮮乳鴿都來自三藩市以北的優質家禽出產地小鎮 Petaloma。後來我們定居在香港沙田，習慣光顧大圍的「兩興」，先打話去訂活宰鴿，托朋友到取。可惜自從2005年底，香港全面禁售活鴨、活鴿、活鵪鶉後，兩興關門；附近其他街市雖也有活鴿出售，但總比不上兩興肉厚骨軟的皇帝鴿，買鴿的意欲便遽然下降了。

偶然的機遇，認識了大埔熟食中心的良記一哥，他雖然日間賣粥，但晚上會供應私房菜，滷水乳鴿是他的絕活。他的乳鴿，勝在肉嫩、滷水和味、浸鴿火候準，許多時我請他代我多訂幾隻生的乳鴿，着傭人到取，我便不用因為買不到好乳鴿而發愁了。

後來發現在上水賣文昌雞、名叫「維康」的店子，兼賣乳鴿。據店主黃先生說，乳鴿是石岐種，在海南島飼養，活鴿從海南運到深圳，半夜宰好，清晨運港，九時店子一開門，便有數小時前還是活的冰鮮乳鴿供應了。鴿有大有小，大的足肉味鮮，惜骨稍硬，小的只有四五兩左右，超嫩，肉味不錯。我便經常買鴿了。

三十年前的沙田還是郊區，周末是遊客密集之地，一下火車，便見炸山水豆腐的檔子，擺滿路旁，舊墟內幾條街的食店，無不以沙田乳鴿為號召。龍華酒店在車站的另一旁，更大張旗鼓，直至今天，到龍華吃乳鴿、打鵪局仍是時髦的節目。到了1980年，政府清拆沙田舊墟，一夜之間夷為平地，改建屋邨，以前舊墟的食店各自落腳在鄰近的小鎮，但沙田乳鴿之盛名，一直維持至今。我們初到沙田，也時常光顧瑞華酒家，朋友都喜愛吃那裏的炸乳鴿，似乎乳鴿是非炸不可。

戒口以來，我能吃的多半只有豬肉、魚和小量的雞。鴿的大小，已超過每人每日的禽肉攝入量，偶然吃一次解饞，在家中「落手」細嚼，其味無窮。每次吃良記乳鴿，總有人問他有何竅門，他說不必多問，問亦不會答；我向來尊重別人的私隱，聽他這麼說，一句也不問。

早一陣在一家餐室吃到一味龍井菊花煙乳鴿，富茶香而吃不到花味，我時常對學生說，用綠茶去燻，味較清淡，用黑茶則煙味較濃，各有千秋。加花入茶去燻，大半是心理作崇，許多時花味都給茶葉的煙燻味掩蓋了。不過，既然菜名是這樣，便要靠閣下的味蕾去分辨了。我沒有問鴿子是否先用白滷水浸熟然後薰，但看顏色似如是。該店還有一道十八味雞，雞是超級的嫩滑，味道也香醇馥郁，十八味中除了例牌的滷水料外，其他還有哪些香料或藥材呢？這又是他人的商業秘密，不應多嘴問長問短了。

近年我少到外面吃飯，相熟的酒家都不擅做乳鴿。我的首本菜是炒鴿鬆，李煜霖師傅的炒鴿鬆雖也精細可口，但我仍然賣花讚花香，只要興到，寧願自己做來享受一下。女兒手藝靈活，切工精快，她來和我們過年時，我定要她一展身手。

我家常備一盒遠年滷水，貯在冰格，趁買到好乳鴿，便先滷後燻，隨便撒一把茶葉，幾朵玫瑰花蕾，燻得香香的，人各一隻，其樂何極！

玫瑰茶燻乳鴿

準備時間：約45分鐘　　費用：45元

材料

乳鴿 ..2隻，每隻約180克
滷水 ....6杯（見下面）
乾葱 ....2枚，拍扁
蒜 ....1瓣，拍扁
薑....1塊，拍扁，約15克
麻油 2茶匙

滷水料

滷水香料 1份
水 4杯
上好頭抽......1瓶，500克
紹酒 2杯
冰糖 ....½杯
鹽 .... 少許

薰鴿料

普洱茶葉 2湯匙
麵粉 2湯匙
黃糖 ....½杯
乾玫瑰花蕾............1湯匙

在這食譜用的醬油改為優質頭抽，顏色深淺合道，味亦醇和。
燻鴿用的茶葉，悉隨尊便，加乾花與否，亦請自行定奪。

提示

1. 滷水香料在藥材舖有
   售，五元一份，用一次
   後留出可再用一次。
2. 滷水用畢，小火燒至再
   滾後便以盒盛起，放在
   冰格內，隨時取用。多
   次使用後若覺得滷水味
   太淡時，可用上次留
   下的香料煮成1杯香料
   水，加在滷水內，並補
   回頭抽、酒及糖。
3. 乳鴿每隻若超過180
   克，在滷水內煮鴿的時
   間便應酌加。

準備

1 中鍋內加水4杯，大火燒開，加入滷水香料，
改為中大火，煮至水分收乾為2杯，倒經小
篩至大碗內，留香料水 ❶，香料可留在補充
時再用一次。

2 乳鴿洗淨，瀝水後以廚紙拭乾鴿腔內之水分
❷。

3 容量3公升厚身深鍋內，加入香料水2杯、
頭抽、酒、冰糖，中火煮至糖溶，加入乾葱、
蒜和薑塊，置中火上，守候在側，以免滷汁
燒開時滾瀉溢出 ❸。見滷水煮至起泡沫時，
以密眼小篩撇去 ❹。

滷鴿法

1 逐隻乳鴿放下滷水內,以木匙插入鴿腔 ❶,用杓盛滷水淋下鴿腔內,直至外皮收緊方下第二隻 ❷。蓋起乳鴿,燒開滷汁後改為小火,煮20分鐘 ❸ 關火候用。

2 是時在中火上置一小鍋,加人茶葉炒至香氣散發 ❹,再加入麵粉炒至微黃 ❺,留用。

3 將滷水內之乳鴿移出至疏箕內,下墊大碟,以承着瀝出之汁液 ❻。

燻鴿法

1 鑊內墊一鋁箔,加入炒好茶葉和麵粉,均勻地下黃糖 ❶,上放玫瑰花瓣,置於中大火上,燒至糖溶便放鐵架在燻料上 ❷。

2 放鴿在架上 ❸,見有煙升起便加蓋 ❹,繼續用中大火燻5分鐘,可開蓋移出燻鴿 ❺,掃麻油在鴿皮上 ❻,每隻斬4件供食。

排名先後

香港是一個競爭劇烈的商業社會，為了要爭出位，現時年輕的一代，無不奮力以赴，於是便有無數的「個人增值」方法，層出不窮。這本來是件好事，沒有競爭，哪裏來的進步？至於娛圈中人如何爭取排位，那往往更是不擇手段了。在大場面中，備受表揚的公眾人物，身分資格難分高下，因此「排名不分先後」最為受用，把排名這回事輕輕帶過，誰都是那末成功，那末「尊貴」，人人心中沒有甚麼芥蒂，圓滿完場，皆大歡喜。說得諷刺一點，難道你沒有偌大家財，也可以躋身世界富豪的排名嗎？

古老的人，常常告誡後輩：「面子是別人給的，架是自己丟的。」意思是說，你就算把自己說得能上天入地，你能否做到？是否大家認同？也是個疑問。環觀左右，香港有多少美食家、名廚、廚神都是自封的多，一致公認的沒有幾個。至於這些風雲人物間的排名，更難定次第。

讀先師遺著，說古老的香港，有這樣的一句話：「第一鯧，第二魟，第三馬鮫郎。」他認為鯧魚是否香港海鮮的「為首」，那是值得商榷的。不過，你如親身到街市巡視一下，魚枱上的魚，真的以鯧魚為最貴，不用排甚麼名。

六十年前的標準，礙難用以量度今日的情況。香港人富有了，會游水的海魚方配稱海鮮。鯧魚也稱海鮮，那你真是太土氣了！被我們吃至瀕臨絕種的老鼠斑、鬚眉、青衣、七日鮮、三刀等，也是吃一條少一條，連貴家公子小姐看不上眼的星斑也快被捕光了。至於魟魚是何等樣子，等閒不易一見。有一說馬鮫郎就是現時的馬友魚，是否可靠，還待證實。近年馬友魚也稀疏得很，尤其特別肥美甘腴、重達二、三十斤的大馬友，取價也不菲呢？

鯧魚一出水即死，市上沒有活的鯧魚，有之，不外近年方才出現的養殖貨，肉質和食味與野生的大異其趣，故我寧可選冰鮮的。鯧魚週年有售，有分白鯧、黑鯧和銀鯧等，其中以銀鯧中的鷹鯧為最上品。

鯧魚的做法，大多為清蒸，加幾絲陳皮已很夠韻味，但現時蒸的花樣可多着了，加了豉醬、醃菜、XO醬、應有盡有，數之不盡。煎鯧魚也不錯，煎香了再用薑葱來封，有了汁液，便多加一重味道，甚至用四川辣豆瓣醬來燜也別有風味。香港流行的煙鯧魚、吉列鯧魚塊卻是中英的合流了。

唯獨炒鯧魚不常見，其實這道菜可登筵席。曾嚐過整條鯧魚起肉後，將魚頭、骨、尾原條炸脆，放在盤中，骨上放回已泡油的鯧魚球，拼回全魚，賣相嬌人，做主人的與有榮焉。鯧魚肉與其他深水魚類的肉質不同，比較結實但不乾硬，上口感覺極佳。

依照特級校對的建議是：先將鯧魚切成方球形，用雞蛋白醃過，不要加鹽，以免出水，泡嫩油後方炒，待回鑊時把味料加在芡汁裏，若過早加鹽，魚球會變爽而不夠滑了。

炒鯧魚球

準備時間：30分鐘　　費用：180元

材料

鷹鯧魚	1條，約1000克
雞蛋	1個，淨用蛋白
生粉	1茶匙滿
鹽	⅛茶匙
泡油用油	3杯
薑	1小塊
葱白	4棵
長紅椒	1隻
蒜	1瓣
紹酒	2茶匙
大地魚末	1湯匙

芡汁料

雞湯	¼杯
魚露	2茶匙
糖	½茶匙
胡椒粉	少許
生粉	1茶匙
麻油	1茶匙

有時市上會有重達二公斤多的鷹鯧出售，買一大塊約600克的中心部分已夠用，可省卻起骨的麻煩。又或可加些鮮草菇同炒，看來堆頭大些，顏色的配搭也較多采。

準備

1 薑切小花，約12片，蒜切薄片，葱白切欖形，紅椒切骨牌形長方塊 ❶。

2 鯧魚起骨法：剪去魚鰭 ❷，在魚身中央下刀，深及脊骨 ❸。在魚頭下切一刀 ❹，在側面魚鰭間，淺割一長紋，由魚尾直上。用細長薄刀從割口片入魚肉內，刀口緊向魚脊骨 ❺，直至把魚肉起出 ❻，在尾部切斷 ❼。同樣把其餘一半的肉起出將魚翻過另一面，照上法起肉 ❽，一共4塊。

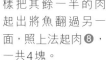

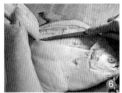

提示

1. 鯧魚的骨，可以斬件用蒜頭豆豉與豆腐同蒸，或煎香，或炸脆，不會浪費。
2. 大地魚末在香港鏞記或有食緣有售。

3 視魚肉的大小和形狀，把魚肉切成長方塊，只求大小相若便可 **9**。

4 置魚球於碗內，加入蛋白2湯匙拌勻 **10**，包好放入冰箱內冷藏起碼1小時，使蛋液黏穩。

5 調好芡汁備用。

炒法

1 置中式鑊在中大火上，鑊紅時下油3杯，是時從冰箱取出魚球，下鹽約⅛茶匙，再加生粉同拌勻 **1**，待油溫升至約為160℃時，將整碗魚球撥入油內 **2**，小心鑊動至魚球每塊分散 **3**。

2 用炸籬盛起，可見到魚球尚呈半透明便要移出 **4**（因魚球仍要回鑊翻炒，若泡油太久便會過火），留油約2茶匙在鑊內。

3 次第投下薑片、葱白、蒜片、紅椒，炒一、兩遍，撥向鑊的旁邊 **5**。

4 攪勻芡汁，放入鑊內，迅速兜勻 **6**，加入魚球，一鑊一拋，潷酒，便可上碟 **7**，撒下大地魚末供食。

五柳考

我不是説陶淵明「五柳先生傳」中的「五柳」。在粵菜烹調上，「五柳」是一個澆頭，用五種不同的醃菜，切絲後與糖醋煮成的芡汁，通常是澆在魚身上的。一説到「五柳」，廣東人立即口水直流，魚未入口，味蕾不期然大開，當盛暑的日子，清鮮惹味的五柳魚，正是當時得令。

在我小時候，五柳鯇魚是夏天的好菜，兄弟姊妹們都爭着吃魚，我卻慢慢地欣賞芡汁中每一絲的五柳：紅薑、子薑、蕎頭、瓜櫻(包括青瓜和木瓜，有時還有紅蘿蔔)，甜酸爽脆，顏色紅潤可愛，就算看看也覺開心哩！

前幾天朋友送我一尾小優質鯇魚，還不到一公斤，想起特級校對在《食經》內，有「五柳鯇魚」一文，破例説明分量，指定要用斤半全斤十二兩的鯇魚，浸熟的魚才好吃。小鯇魚正合斤兩，一時興起，於是用古老方法做其五柳浸鯇魚焉。

想起今日的粵菜酒家，多已不用古法浸魚，而是將魚起骨留頭尾，兩條肉刻上鑽石紋，上粉炸了，把魚重拼成原形，加個五柳絲的甜酸芡，快捷便當，火候控制萬無一失，賣相奇俏，正是何樂而不為呢？現時想吃浸熟的魚，只好到杭州才能「嘆」其西湖醋魚了。再不然，退而求其次，可以把鯇魚蒸熟。畢竟，淡水魚怎能滿足香港人食必海魚的刁鑽口味呢？海魚少用浸法，古老浸魚法，肯定難以承傳。

在廣東以外，五柳有不同的意義，而且還是大有來頭的；五柳是冬筍絲、香菇絲、火腿絲、薑絲、葱絲，據《光緒順天府誌》記載：「五柳魚，浙江西湖五柳居煮魚最美，故傳名也。」計算起來，距今至少已有一百多年的歷史，但杭州菜的五柳，卻是廣東古法蒸魚的配料。兩地的飲食文化，何其不同？

為了要保存五柳芡的原色原味，除了鹽和糖，我不加任何調味品，醋也是用白醋，芡汁用浸魚的湯，有鮮美的魚味已足，多加茄汁、醬油，不過是節外生枝吧了；重要的反而是糖、醋、鹽的比例要調和，太甜、太酸、太鹹都會損害整盤菜的韻味，尤其醬園的五柳，家家成品不同，有些買來的五柳，醃汁特別甜，要密切注意，先試甜味，以定下糖和醋的分量。

有人用淡上湯作浸湯，或用魚湯來浸。我認為用有味的湯去浸，只不過是錦上添花，浸湯內有薑茸，酒和葱結，已很能辟腥了。

朋友飼養的優質鯇魚一點泥味也沒有，清鮮嫩滑，為了答謝他時常送魚的好意，這個食譜是為他度身定做的。

五柳鯇魚

準備時間：30分鐘　　費用：魚約100元、五柳10元

材料

鯇魚 ....1尾，約1000克
鹽 ....½茶匙
胡椒粉 ....⅛茶匙
五柳料 .... 約¾杯
青、紅椒 各1隻
青葱 ....1把，約8棵
薑 1塊約40克
紹酒 2湯匙
生粉 1½茶匙
水 2湯匙
油 .... 3湯匙+2茶匙
麻油 1茶匙

五柳芡料

浸魚湯 1½杯
美國白醋 2湯匙
鹽 ....½茶匙
魚露 2茶匙
糖 .... 1茶匙(或適量)

五柳料

這道菜宜多人同用，家庭人口少的，斷不能在一餐內吃完，留到第二天魚味和質感已完全不是那回事了，寧可買一尾鱖魚，照以下的浸法，但五柳料要減半，芡汁的糖醋鹽量也要減少。

準備

1 鯇魚開邊，先斬去一部分魚尾(因魚太長，操作不易)，從魚尾起出半邊魚肉，但不可斬開如圖❶。

2 打開鯇魚，沿脊骨斬一刀，魚便能平放，在水下沖去血水❷。

3 剪出魚頭的瘦肉和中間的硬骨❸，刮去魚腩內的黑膜❹，以廚紙抹乾魚之裏外。

4 在魚頭內，沿中間斬一刀，但只斬¾❺，使兩半仍能相連。

5 各項五柳俱切細絲，青、紅椒去籽，亦切細絲，4棵葱白和一半薑切細絲❻，其餘的薑磨茸，青葱打結。

浸法

1 置直徑14吋的大鑊在旺火上，放下竹笪墊鑊底，加水約1.50公升，燒水至大開時加入薑茸、葱結和紹酒 ❶。

2 手提魚尾部分，將魚頭先從鑊邊滑下水中 ❷，待水重行燒開便將魚小心全部放下，利用竹笪將魚頭拉出水面 ❸，加蓋。

3 大火煮2分鐘後加入魚尾，蓋起大火再煮1分鐘，關火，焗2分鐘 ❹，用竹籤插入魚身最厚部分，如容易插入便熟。

4 用筷箸挑起竹笪 ❺，兩手各執竹笪一頭，移魚出鑊至一平盤上 ❻。薄灑些鹽和胡椒粉在魚上。

5 取一長魚碟蓋在魚上，雙手按緊魚碟兩頭 ❼，迅速一反，便將魚扣到魚碟上 ❽。

五柳芡煮法

1 小鍋置中大火上，下油2茶匙，倒下五柳絲，不停鏟動至熱透。加入魚露、白醋、糖和鹽 ❶，倒入浸魚湯1½杯，燒至湯開。試味。

2 調勻生粉水，吊下五柳汁中 ❷，不停攪動至芡汁透明，加入麻油亮芡。

供食

將魚尾排好，砌回魚形，澆下五柳汁 ❶，上鋪薑絲，跟着青、紅椒絲，最後是葱絲，再將滾油淋下 ❷，趁熱供食。

百花今昔

在飲食行業內，鮮有人不知「百花餡」為何物，點心師傅說到百花餡，莫不如數家珍。但十分奇怪，似乎百花餡只有一個做法，不過怎樣利用百花餡，那就各家各法，百花齊放了，而且爭妍鬥麗，各有千秋。

鮮蝦肉去殼捹成蝦泥，加入肥膘肉拌至上勁，調味後加些生粉便成蝦膠，可以作為瓤餡，因何稱作百花，頗耐人尋味。故老傳說，百花餡起源於上世紀20年代初期，廣州有四大酒家，各有擅長的代表菜，其中「文園酒家」的「江南百花雞」，膾炙人口，是將嫩雞起肉留皮，瓤蝦膠在皮內，蒸熟切件後拼回雞形，加個琉璃芡，再撒下食用時花上席，是有雞之形而無雞之實的一道撚手菜，當時風靡廣州食壇，大凡用蝦膠做的菜饌都沾上百花雞的光，都稱為百花甚麼的了。

此事經歷在近一個世紀前，源起如何，已難考證。

當然一定會有不少掌故說及江南百花雞的，不過，自70年代以後，社會步伐急劇邁進，傳統的事物也跟着快速消失，正宗江南百花雞的做法已成爭議，百花餡的質素亦日趨下降，能吃到味鮮爽脆的百花菜色，再也不易。

原材料已不如往日，以前是用生剝鮮河蝦的，香港不產河蝦，只能以海蝦代替。但如今好的海蝦也難求，能適合做蝦膠的軟殼、淺灰色的細中蝦（漁民俗稱之為「爭留蝦」）在魚枱上已難得一遇。近年養殖蝦充場，鮮味和質感都欠奉，不止此，許多食肆都採用東南亞生產的急凍養殖蝦，價錢固然經濟，也省卻不少處理的人工。點心製作上往往都是用這等貨式。一般雲吞內的所謂鮮蝦，也大都是如此。

江南百花雞之所以突出，尚有一個原因。在當日飲食行業盛行用硼砂醃蝦使之特別爽口之際，獨文園的師傅拒用硼砂而能使蝦膠極爽，成為行中一絕。就算當下，可以說酒家樓甚至大排檔，大都是加入蘇打食粉把蝦醃過，然後不斷用水沖去鹼味，蝦是夠爽了，但原味盡失，只好用味精彌補了。

市上的最普通的養殖虎蝦肉有一層厚而色紅的外皮，我常常見到在電視上示範的廚子要把蝦的紅色外皮逐隻片去，時間的耗費是無可計算的。有些游水海蝦，殼特別厚，而肉卻不夠爽。花蝦太小，蝦肉軟而削，不是打蝦膠的材料。或者要求不高的下廚人才不會在乎吧！

鮮冬菇因為熟後會縮小，與瓤餡不咬弦，餡子明明是瓤滿在冬菇上的，蒸熟後百花餡黏不穩，而且，培養鮮冬菇愈來愈厚大，不合大小。或者讀者會說，鮮冬菇可以先汆水去定型，但吸了水分，結果蒸後冬菇和百花餡各自為政，互不相干。一般的國產乾花菇呢？好看是好看了，但咬口頗韌，質感與百花餡的爽脆不配，吃起來也有困難，我只能選用日本的直徑一寸左右的花寸菇，剛好一口一個。近年日本菇的價格不斷上漲，所以做一道這樣的古老菜，卻也不易。

百花瓤冬菇

準備時間：45分鐘(冷藏時間不計)　　費用：90元

材料

日本花寸菇....14隻(約50克)
鹽.........................⅛茶匙
細中海蝦..............450克
洗蝦用鹽.................2茶匙
鹽.........................½茶匙
肥膘肉.................1小塊
蛋白.........................1個
火腿茸.................1湯匙
生粉.........................2茶匙
油.........................2茶匙
紹酒.........................1茶匙

芡汁料

雞清湯.....................½杯
浸菇水.....................¼杯
生抽、麻油.........各1茶匙
糖、胡椒粉............各少許
生粉...................1茶匙滿

如果閣下難分蝦的優劣，用哪一種蝦都可以。但要緊記，砧板一定要用菜刀先刮淨然後用大熱水去沖，務要去掉砧板上遺留的氣味和雜質，因為蝦肉一與薑、葱蒜接觸，便會發霉，打不成膠。

準備

1 花菇去蒂，置小碗內，加水過面浸軟，下些許鹽，上鑊中大火蒸20分鐘。留浸菇水 ❶。

2 蝦去頭和殼，挑出黑色腸臟❷，以鹽抓洗，在水下沖至蝦肉色呈半透明，瀝水後排在潔淨毛巾上 ❸，捲起放入冰箱內冷藏起碼1小時 ❹。

3 肥膘肉煮熟，以水沖冷後切小粒，需約1湯匙滿 ❺。火腿切小粒，愈小愈好 ❻。

百花餡做法

1 從冰箱取出蝦肉，放在潔淨砧板上捵薄 ❶，
下½茶匙鹽，反覆交叉粗剁成蝦泥 ❷，放入
大碗內。

2 加入蛋白1湯匙 ❸，循一方向攪拌至有勁
❹，下肥肉粒 ❺，次第加入其餘調味料，繼
續攪拌，抓起蝦膠，撻回碗內，盡量排出空
氣至蝦膠黏稠 ❻，冷藏待用。

成形法

1 稍擠乾花菇，以小掃蘸生粉，掃在花菇底，
注意要掃及捲起之菇邊內 ❶。

2 以小刀瓢入百花餡，使成半球形，沾些許水
抹平蝦膠表面 ❷，上綴以一小撮火腿茸作裝
飾 ❸，瓢完為止。

蒸法

1 置原碟瓢冬菇在深碟上，入鑊大火蒸7分鐘
便熟。

2 是時調好芡汁料。置小鍋於中火上，鍋熱時
下油2茶匙，隨即潷酒 ❶，將小碗內之芡汁，
慢慢吊下鍋內，快速攪拌至汁稠 ❷，淋在瓢
冬菇上供食。

鹹蛋黃的雙重標準

　　夏天返美一個月，母女見面多了，談的除了健康問題，多説些燒飯的瑣事。她告訴我小姑的兒子大學畢業了，問他想要甚麼禮物，他説甚麼都不要，只想吃一頓我女兒親手燒的好菜，還指定要吃「金沙澳洲龍蝦球」。我呱呱大叫，豈有如此不情之請，起碼要兩隻三磅多重龍蝦的尾，方夠一碟，活的澳洲龍蝦要美金廿多元一磅哩！女兒叫我不用擔心，龍蝦是自攜來料，由姑爺贊助。我問她做過金沙菜式沒有？她説吃過，知道一點來龍去脈，一理通自然百理明，我見她成竹在胸，不便再説甚麼。

　　女兒專業電腦，自從提早退休去學西廚畢業後，在一家fusion餐館當過一段時期的副廚。去年加省經濟不前，餐室結業，她到鄰鎮的米芝蓮二星餐室見習，每天站着做小工，腰痠背痛也在所不辭，但心領神會，旁窺到名廚不少竅門，信心大增，偶然接單上門到會精緻西菜，引以為樂。她名叫詩婉，是我母親為她起的名字，意謂詩書人家的好女兒。她年前得香港金石名家區二連女士為她治了一方「詩房菜」的好印章，我女婿又為她設計菜單的版面，每次到會，女兒單人匹馬一手包辦，女婿則任司機運送食材烹具，夫妻合作無間，樂在其中。

　　女兒不曾向我正式學過甚麼，對中菜烹調的領會，似乎與生俱來。三十多年前我為抗癌會義務上門到會時，她仍在上學，周末常跟着我幫忙上菜洗碗，「教」便在不言之中。她結婚生子，下班後還得為子女燒飯，更沒有時間專心學燒中國菜。但數十年的耳濡目染，根基紮得頗穩。今年我回港後仍然為她這席畢業菜擔心，我一向少用鹹蛋黃，結果也做了下面金沙蝦球，讓女兒參考，以防萬一。

　　説到鹹蛋黃，在談蛋色變的香港，唯獨對鹹蛋黃的問題視而不見。中秋的月餅，款式日趨新奇，姑勿論如何創新，餡內的鹹蛋黃不可或缺。上乘的鹹蛋黃，甘腴豐美，流油欲滴，正是人見人愛。最佳是與白粥同吃，蛋白切粒放在粥內，鹹蛋黃另盛在小碟上，淌着硃紅的油，一小口已覺享受無窮，早把膽固醇置諸腦後了。這些從蛋黃中流出的油，全是鹹蛋黃本身所含的脂肪。在未醃製之先，本是與蛋白質混和在一起的軟蛋黃，根本看不到油分，加了鹽醃製，蛋黃吸收了鹽分而凝固，煮熟後脂肪便顯然可見了。

　　香港有許多人重視飲食健康，平日看見肥一點的肉便心驚膽跳，但飽含脂肪的西餅和朱古力，卻甘之如飴。既甜又油的各式蛋黃月餅，則倒屣歡迎；這種心態我是不懂的。鹹蛋黃中，有三分之一全是膽固醇，月餅只不過是一年一度的節日食品，而今紅透飲食場所的金沙蛋黃菜色如金沙蝦、蟹甚至南瓜等等，起碼要用八個鹹蛋黃，也不見食家們有哼過半句。我是飽受戒口之苦的老人家，為女兒示範，逼得將鹹蛋黃用量減半，讀者如覺不夠「勁」，隨意多下，也可依比例多加些奶油便可。

金沙蝦球

準備時間：40分鐘　　費用：50元

材料

海中蝦....900克，約36隻
鹽...........................1茶匙
鹹蛋........................4個
牛油.......................1湯匙
青紅椒粒....各少許作裝飾
雞蛋........1個，淨用蛋白
泡油用油..................3杯

蝦肉調味料

蛋白............1個(見上面)
生粉.......................1湯匙
糖、胡椒粉、鹽各....少許
麻油.......................1茶匙

市上雖有已加工單個的鹹蛋黃，但為了食用安全，要用原個鹹蛋，方能有衛生保障。先分開黃白，除白留黃，蒸熟後過籮斗篩細，否則蛋黃中的硬塊仍存，影響口感。

準備

1 蝦去頭殼，用小刀從背部剖開成雙飛狀 ❶，拉出沙腸 ❷。以鹽輕輕抓洗，放在疏箕內以水沖透至蝦肉呈半透明 ❸，排在潔淨毛巾上成一層 ❹，捲起放入冰箱內冷藏起碼2小時 ❺。

2 鹹蛋分黃白，蛋白留作他用，鹹蛋黃置碗內 ❻，中火蒸約10分鐘，以筷箸插入蛋黃中央，抽出時無軟蛋黃附着便是全熟 ❼。

3 以小匙挖開蛋黃，挑出中央的硬塊 ❽，將蛋黃壓過密眼小篩入碗內 ❾，棄去篩中硬塊 ❿，蛋黃細末留用。

4 大碗內打下蛋白,加入生粉 ⑪,以球形揮打器拂打成一稀糊 ⑫,加入其餘調味料一同打勻。

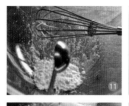

5 將蝦放下碗內與醃料一同拌勻 ⑬ 至每隻蝦能平均沾上 ⑭,放回冰箱內冷藏待用。

炒法

1 置中式易潔鑊於中大火上,下油3杯,燒油至插下筷箸時,四周佈滿氣泡時(約為160℃),從冰箱取出蝦肉,再用筷箸分散蝦肉使勿黏連,一次過投蝦入熱油內鑊散 ❶,至蝦肉身硬、顏色轉紅時 ❷ 便用炸籬撈出瀝油 ❸。

2 置鑊回中大火上,下熱油約1湯匙,加入牛油 ❹,待溶化後放下蛋黃末 ❺,改為中火,不停鑊動煮至蛋黃起泡 ❻,加入蝦球 ❼,用雙鏟快速炒勻蝦球,至蛋黃沾滿蝦球為止 ❽,是時可撒下青紅椒粒作裝飾,立即上碟。

Panko 熱

自從日本的炸豚和港式炸雞排大行其道後，panko也因此而流行起來。

Panko是日本名詞，沒有漢字名稱，大家都知道是日本麵包糠。從字面考，pan是麵包，ko是兒女，panko就是日本麵包的衍生物。panko有兩種，白色的來自沒有皮的白麵包，赤色的是用全條白麵包做成。Panko成小薄片形，比一般的麵包糠輕盈和脆口，而且是上佳的填充物；在做肉丸、肉餅或海鮮餅時，加入些panko，可以減少主料的用量，而且上口比較鬆軟，美國人在二十多年前已懂得用panko了。

Panko本身無味，容易吸收外來味道，炸物裹以panko，外面層層脆片，特別輕鬆，比普通麵包糠吸油少，保持脆口的時間較長。肉類和海產裹上了panko，加入一些奶油(牛油)，放進烤爐內，形成一層脆面，口感和味道大為增進。今日的panko，已進步到有不同香料的味道，一塊魚柳，不用調味，直接裹上有味panko，便可炸或烤焗，十分簡便。

Panko可以作填充物，這也是外國人的烹調習慣。最常見的是把panko混在肉碎內，做成肉丸或肉餅，諸如漢堡包所夾的牛肉，加些填充物入肉碎內，一來可減輕食肉量，二來也較經濟。填充物英文名是filler，在肉內加的多是浸透牛奶的麵包、又或梳打餅、最常見的是一般的麵包糠。

早一陣女兒來香港，和她一起做菜譜時她提議我做一道像潮州蟹棗的蟹丸，加入薯茸作填充物，外裹panko炸脆，看似日美混合菜，但口味全是粵式的。潮式蟹棗是裹以腐衣炸脆，和我們做的蟹丸的外型和味道都大有分別。這是女兒在一家越南的fusion菜館(現已關門)當副廚時、每天都要做很多份作為前菜的。不過她說，我們還是不要太省，填充的不要過多。結果我們填了薯茸，panko鋪在蟹丸外面，成品的賣相奇佳，口感特脆，蟹肉仍保留小塊狀，入口時絕不覺有填充物，再加火腿茸和唐芹粒，正是粵菜雋永的韻味。

我們做了試驗，發覺蟹丸若不先在蛋白內一滾，使panko黏穩，蟹丸還未放下油內，panko早已脫落。結果多做了一次，才算成功。

可能我膽量不夠，下手會怯一些。像我一向擅做煎蟹餅，換了炸蟹丸，本應駕輕就熟，結果從試驗中才找到填充馬鈴薯的最大限度，太多或太少對蟹丸的成色和口感有極大的影響。又如果蟹丸表面沒有蛋白，panko不能黏緊，炸時片片剝落在油中，那真是喪氣了。

割烹是小道，但也包含一些大道理，其中樂趣無窮。可惜今人已不再花心思和時間在烹調的學問上，以致我們在外面吃到的大都是那麼千篇一律的乏味了。

炸蟹丸

準備時間：40分鐘（拆蟹肉另計）　　費用：90元

材料

鹹水青蟹 ...1隻，約750克
馬鈴薯 200克
雞蛋 .....2個，分開黃、白
雲腿 20克
唐芹菜 1條
乾葱 1粒
芫荽 1小棵
Panko 1杯
炸油 3杯

調味料

鹽 .... ¼茶匙滿
胡椒粉 .... ⅛茶匙
糖 .... 少許
麻油 1茶匙

蟹肉不能帶太多的蟹汁，會令蟹丸太軟，也不能太大塊，不易與薯茸和合，加入的小粒不可切得太大，否則蟹丸會鬆散。油溫要保持在180℃，panko方能金黃。

準備

1　青蟹蒸熟拆肉，包好放冰箱內冷藏待用。

2　雲腿、乾葱、芫荽梗俱切小粒。唐芹菜去葉撕筋，亦切小粒。

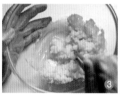

3　馬鈴薯用微波保鮮紙包好，放進輸出功率1000瓦特的微波爐內，大火（100％）加熱6分鐘 ❶，移出擱置至涼，去皮，以餐叉壓碎成薯茸 ❷，放入大碗內。

4　加入蛋黃與薯茸拌勻 ❸，繼下各項調味料和其他粒狀作料 ❹，最後下蟹肉一同攪勻 ❺，置冰箱內冷藏起碼1小時。

5　已備好之材料在 ❻。

提示

1. 如不用微波爐，可將馬鈴薯放入小鍋內，加水過面，蓋起中大火煮至筷箸能插入便夠軟可用。

2. 先放蟹丸在鍋炸篱內，再放入油中，目的是防油濺出鍋外，容易灼傷。

成形法

1 以1湯匙容量的量匙，盛出蟹丸料 ❶，放在
　掌心搓圓 ❷，共做16個 ❸。

2 小碗內打散蛋白，放下蟹丸一滾 ❹，即放在
　盛有panko的深碗內 ❺，雙手將panko兜在
　蟹丸上，使完全黏滿 ❻。做完為止。

炸法

1 中火熱油至180℃，以鋼炸籬協助將蟹丸逐
　一放下油中 ❶，分兩批完成 ❷，先下鑊者先
　夾出 ❸，炸完為止。

2 炸時用筷箸挑散蟹丸 ❹，不使相連，放在廚
　紙上瀝油後上碟。

供食

可附上李派林喼汁、英國牛頭牌芥醬或中國浙醋。

奇妙的禮物

　　有了米芝蓮頒與星星，餐室往往福從天降，財源自是滾滾而來。很多名氣大的法國三星廚師，乘氣而上，四處開分店，分店也獲頒星星，於是又再多開幾間，這種情況，在我看來，星星的意義變了。國際性大酒店的餐室，如獲頒星星，那是酒店和餐室的聲譽，廚師不過是餐室的僱員，可留可去，餐室換了廚師，仍是有星餐室。頒星時如大廚在餐室服務的，他是配稱為一星、兩星或三星廚師的。

　　但在歐美，尤其是法國，很多餐室都是由廚師兼作東主，餐室的榮辱，與廚師有切身的關係，他們每年都看着星星的升降而心驚膽跳。法國也曾有過廚師因為自己的餐室被摘一星或食評分數被減而自殺。

　　香港有米芝蓮頒星，不過是這兩年的事。香港人為了追星，都擠到有星的食肆，很多如今有星的小餐室，被擠得水洩不通，客人也等得不耐煩，餐室又不能即時擴充，弄成客多位少的現象，這樣對廚師和食客都欠公平。

　　位在港島蘇杭街的桃花源，今年獲頒兩星，加上澳門新葡京酒店內的桃花源的兩星，大廚黎有甜就是一身四星了。這一陣想到桃花源吃飯，很難訂位，酒席的等候時間，超過一個月。黎師傅也因而多駐港店，比前多了親身下廚，因為母店才是自己的「親生仔」，榮辱與共，聲息相關。這點我十分了解的。

　　誼子郭偉信的父母都愛吃蛇羹，苦無訂位，於是託我代購外賣桃花源的太史蛇羹。黎師傅一向知道我的要求，不必特別請他加意。我和他在電話中閒談，説到他有一道用欖仁做作料的新菜，我説欖仁真難買得好，多時有舊油味，而且一下子便變得細碎成粉，不好用。黎師傅説他是整箱買來，精挑細揀之後所得無幾，知我這麼喜歡，他會送些給我。那晚在盛蛇羹的袋子內，果然有一大包欖仁，我真是喜不自勝，盤算應如何使用。

　　欖仁來自烏欖。烏欖與其他橄欖不同，一定要熟食。煮熟的烏欖去皮後蘸些白糖，甘甜無比。欖肉分半後加鹽捺合，曬乾了便是我們日常吃到的欖角。欖肉去後留下的欖核，破開了露出有兩粒欖仁（本來還有一粒小的，因太小而不能用），若用韌力把核中的果仁拉出來，去了棕色的皮，便席上珍品的欖仁。欖核去仁後，可以作燃料，是一物多用的果實。

　　小時候的家饌，用欖仁做菜的機會不多，最記得的是炒大豆芽菜鬆時會有炸粉仔墊底，上撒疏落的欖仁，我們分得兩三粒已是如獲至寶了。為了要配得起這些如珠如寶的欖仁，我親自到大埔街市買了活蟹，決定炒個牛奶，這樣便有炸粉仔墊底，也可以撒欖仁在蛋白面上了。

　　親手小心從冷油起，慢慢炸脆了欖仁，給自己100分。專程買來北海道全脂牛奶，炒的過程一切順利，上碟時我特意關照攝影師，説我要有很多欖仁。説時遲、那時快，還來不及轉身去看，糟糕！欖仁撒得過多了，在照相機旳屏幕上，炒牛奶若隱若現，但已回天乏術，一於照拍算了。

欖仁蟹肉炒牛奶

準備時間：20分鐘（拆蟹肉不計）　　費用：約100元

材料

活花蟹......1隻，約450克
胡椒粉.....................少許
麻油 1茶匙
美國大雞蛋...............4個
油 1湯匙
鹽 ....¼茶匙
北海道全脂牛乳 ....¾杯
欖仁 ....¼杯
炸欖仁用油................1杯
新竹米粉 1小束
粟粉 1湯匙
火腿絲.....................1湯匙
炒牛奶用油............3湯匙
青葱 2棵

雖然在照片上欖仁蓋過了大部分蛋白蟹肉炒牛奶，但烹調的過程一步不漏，有圖為證，大家可以見到廬山真面目，不必多疑。依譜照炒可也。

準備

1　花蟹置鑊中蒸30分鐘❶，熟後放入一盤冰水中降溫❷，拆出蟹肉。

2　青葱只用葱白，切幼絲❸。

3　置中式鑊於中小火上，下油1杯，隨即下欖仁，改為小火❹，不停鏟動❺至欖仁開始變微黃❻，繼續鏟動至欖仁顏色略帶金黃便可撈出❼。

4　加大火，燒油至灼熱，投下米粉❽，即會膨脹發大❾，移出至紙上瀝油。

提示

1. 雞蛋要逐個分開黃白，蛋白先放小碗內，然後轉盛至大碗中，是保證每個蛋都是新鮮可用，否則若有一個壞蛋，便會影響全碗蛋白的質素而不能用。

2. 欖仁不能炸至金黃，因出鍋後餘熱仍然使欖仁的顏色加深，甚至會過火。

5 雞蛋分開黃白，剔去蛋白內的白色小硬塊，先放入小碗 ，繼放入大碗內 ，如法逐個打蛋白下小碗內，如蛋新鮮，便放進大碗內，打完4個為止。

6 用筷箸把蛋白拂打 ，至面上微起泡沫便加油和鹽，繼續多拂打幾下，倒下牛奶½杯 。

7 是時將餘下¼杯牛奶調勻粟粉 ，過篩後加入大碗與其他蛋奶液同混和 。

8 蟹肉加麻油和少許胡椒粉調味，加入火腿絲，拌入蛋奶液內 ⑯，撇去面上氣泡 ⑰。

炒法

1 置中式易潔鑊在中火上，燒至鑊熱時下油約1湯匙，倒下⅓蛋奶混合液 ❶，持鑊向前不斷兜炒 ❷，至蛋白凝固便鏟出至碟上 ❸。

2 再加油1湯匙及⅓蛋奶液 ❹，如法鏟至凝固便移出至同一碟上。

3 餘下之⅓蛋奶液亦依法完成 ❺，最後放下葱白絲，鏟至碟上。此時換碟（如家常飯餐，不換亦可），上撒炸香欖仁供食。

畫梅止渴說禾蟲

廣東珠江三角洲一帶多良田，每年兩造，收割後稻根腐爛生蟲，明末詩人屈大均的《廣東新語》云：「廣東近海稻田所產之蟲，長至丈，節節有口，生青，熟紅黃，夏秋間，早晚稻熟，潮長浸田，因乘潮節斷而出，日浮夜沉，浮則水面皆紫，人爭網取之以為食品。」

我雖生於香港，但在廣州長大，每年總有兩次是全家同享禾蟲的盛會。禾蟲當造，不可能不知，因為不少蜑家婦女挑着一盤盤的禾蟲，魚貫地在街上尖聲叫喊：「生猛禾蟲！」「生猛禾蟲！」，家家的女人都會跑出門外，拿着自己的盤子，等候販子到來，這情景只有在戰前的廣州可以見到的了。

我們江家也不能例外，婢女每人捧着成疊的淺木盤，等候蜑家婦來臨，相熟的會直接來交貨，不必和鄰居搶購。禾蟲要盛在木盤是有道理的，這樣薄薄的一層可以看到禾蟲是否新鮮，不新鮮的禾蟲很難看，部分變了漿，吃了無益，輕則胃腸不適，重則連性命也掉了。

禾蟲在淺盤中蠕蠕而動，江家有清洗妙法，先把禾蟲從淺盤移去很大的盤，盤中盛滿了清水，從花園中砍下幾枝竹，只取最幼部分，把葉剪去，留下的便是有很多小椏的竹枝。小婢們人手持一枝，在大盤內不停地撈，活的禾蟲便會留在竹椏上，便轉放入瓦砵內。如是慢慢的撈，最後留在盤底的便是游不動的禾蟲了，應棄去。一淺木盤的洗淨禾蟲，可做一大瓦砵的燉禾蟲。

繼着便是灌油，禾蟲在砵內仍是活的，倒油下去，禾蟲吸飽了油便會肚爆漿流，可以用剪剪碎了。主理調味的是我家的六婆，她會準備好陳皮、欖角、蒜茸，把蛋打好，加糖、鹽和多量的胡椒粉，用薄油條片鋪面，便算大功告成，以後的先蒸後焗的工序便由廚房的師傅去完成了。我們總會做幾砵，好等大家分享。平日怕蛇蟲鼠蟻的，都視禾蟲如無物，一於開懷大嚼。我沒吃禾蟲快有六十年了，禾蟲的甘香雋永，加上全家人團敍在一起享受時那種和樂，此情難再了。

特級校對在《食經》內，一連寫了七篇有關禾蟲做法的文章。他生前講食的故事，總不離禾蟲，但我講給他聽的他幾乎要掩耳不聞，老人家固執的程度，實難以置喙。有一年中秋節，在美國三藩市由他組織的大食會上，竟自創一道假禾蟲，千叮萬囑老教頭梁祥師傅去執行。假禾蟲一上桌，他又講「古」了，連累到菜都涼了，一眾吃不出甚麼苗頭，但他仍然繼續講，弄得我們興致索然。

到我為紀念他而寫的《食經》食譜時，我向梁祥師傅請教這假禾蟲的做法，他説只不過用生蠔代禾蟲就是了。美國生蠔有大有小，有分美東生蠔和美西生蠔，通常十分新鮮，是盛在小玻璃瓶內出售的。在香港的美國桶蠔，其大無比，一桶只得3-4隻，相信是經急凍的。我一時興起，再做一次，味道卻似蠔砵多於禾蟲，説它是假的，的確如真包換了。

假禾蟲

準備時間：約1小時　　費用：160元

材料

美國桶蠔	2桶
洗蠔用麵粉	¼杯
生薑	1大塊，切角拍扁
紫蘇葉	4大片
陳皮	2角
欖角	12粒
蒜	4粒
乾葱頭	4大粒
油	4湯匙
紹酒	1湯匙
油條	½條，切薄片
美國雞蛋	6個
鹽	½茶匙
清雞湯	½杯
麻油	2茶匙
掃梒頭用油	1湯匙

調味料

胡椒粉	½茶匙（或適量）
糖	1茶匙
鹽	¼茶匙
生抽	1湯匙

假禾蟲內要放陳皮，要陳多少年呢？起碼十五年吧，太新鮮的果皮沒有香味而且苦澀，用之反而誤事。紫蘇葉最好能買到新鮮的，乾的也可用。

準備

1 陳皮浸軟，刮去白色內皮，切細絲，再切小粒。

2 紫蘇除骨，舂成幼粉❶。欖角沖淨，切細粒。乾葱頭切細粒。蒜剁碎，分為兩份。

3 生蠔洗法：在水下手持生蠔，張開蠔裙，沖淨每一層❷，置於疏箕內，灑下麵粉，以手輕抓，稍擱一會，用水慢慢沖洗，污物及黏液自會隨麵粉沖去❸，放蠔入大碗，多沖幾次蠔便沖淨。

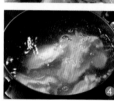

4 3公升深鍋內加水半滿，置大火上，水燒開時加入拍扁薑塊，煮至蠔肚由軟變結實❹，便倒入疏箕內瀝去多餘水分❺。

5 排生蠔在潔淨毛巾上，吸乾水分。蠔枕切小粒，如綠豆大小 ❻。蠔裙切0.4厘米粒 ❼，蠔肚先切片 ❽ 後切0.6厘米粒 ❾，同放碟上。

6 大碗內逐個打入雞蛋，打勻後方加入雞湯和鹽同打勻，候用。

7 全部準備好材料在圖 ❿。

蒸焗法

1 置中式易潔鑊於中大火上，鑊紅時下油4湯匙，加入乾葱粒炒至半透明時下一半蒜粒炒勻，改為大火，即倒入三種蠔粒 ❶，邊鏟邊潷酒，下陳皮、欖角、紫蘇葉同炒勻 ❷，炒至汁液收乾，最後加入餘下之蒜粒及調味料 ❸，鏟出至已塗油之瓦砵內。

2 候約10分鐘待蠔稍擱冷，慢慢注入打好蛋液 ❹，排油條片在蛋面 ❺，蓋上鋁箔 ❻，置於有水之鑊內，燒至水開時加蓋，大火蒸15分鐘，揭蓋，試以竹籤插入燉蛋中央部分，如無蛋液黏着便是熟。若不然，再多蒸5分鐘。

3 移蠔砵出鑊後，預熱烤爐至最高溫度，在油條上掃上麻油 ❼，將整砵放在距發熱線最近的一格，明火烤至面上金黃 ❽，約5分鐘，移出，趁熱供食。

「蠔」事連年

年近歲晚，必得提好市。好市的象徵自然是「蠔豉」，所以過去幾年到這時節，我都要燒一道有蠔豉的菜色，也覺得有點膩了。於是趁着買到登場不久的日本廣島急凍生蠔，做個煲仔菜，聊以賀歲。

1963年我到美國深造，在美東逗留了四年，新英倫沿岸海產豐盛，生蠔尤為肥美，生吃固然滑不留口，上蛋漿煎的生蠔叫 Hangtown Fry，酥脆甘香，更有 Rockefeller 式的生蠔，是開了邊，上加菠菜葉和芝士，焗得芝士熔化金黃，一口一隻，那時年輕，也只能一口氣吃六隻而已。記得在紐約的大中央車站（Grand Central Station）內，有一間叫做「蠔吧 Oyster Bar」的食蠔專門店，蠔種之多和蠔饌的水準，均屬一流。

1967年與天機婚後移居矽谷。美國西岸也盛產蠔，有大有小，一般來說，遠不如美東的嫩滑和鮮美，但小型的奧林匹克蠔和香港人熟悉的 kumamoto 蠔，名氣尤勝。加州海岸線長，滿佈宜於殖蠔的隱蔽港灣，我和天機有時週末會開車北上到 Bodega Bay 吃蠔、買蠔回家。但自從兼賣活海鮮的港式超市四處興起，生蠔已是普遍得令我興趣大減了，而且個子多是長如手掌，微帶腥味，不算可口。

美國生蠔固然以美東所產為上品，但東南部路易士安那州的海域，也是殖蠔的勝地，紐奧連市的海鮮餐室櫛比鱗次，家家都賣蠔餐，與小龍蝦互相輝映。有一年，我們到紐市看世界博覽會，住了一星期，天天都吃酥炸生蠔和牛乳泡蠔濃湯。

最令我和天機不能忘懷的是2002年，和郭偉信母子一起去意大利參加國際慢食會的雙年會，會前我們先到巴黎偉信的寓所小住數天，決定自煮不外食。我們每天去買菜，偉信是蠔癡，一買便是五打以上，即開即拿回家。我們只須滴下些許檸檬汁，便帶起鮮蠔的韻味，我們三人都不能多吃超過八隻，其餘全由偉信享用淨盡。他買回來的蠔，產自 Brittany，諸如 speciale、fine de claire，有時還有來自波爾多的 marenne 等等，海水味豐盈，幾種蠔肉都滑而甜美。回程時我們又再住一星期，天天吃生蠔如故，幸而我們還受得住，心滿意足回到香港。以後不論在香港甚麼地方吃的生蠔，都是遠途運送而來，大有不過如是之感！甚至看了也不想吃。

現時美國的桶蠔，一桶只得三隻，太大了。有了廣島蠔，可惜又是急凍的，食蠔事到此只好暫告一段落了。

火腩燜生蠔

準備時間：35-40分鐘　　費用：約90元

材料

日本廣島生蠔.......... 16隻
火腩仔.........250克，斬件
油 .... 1湯匙+1茶匙
淡雞湯 .... ¾杯
生粉 1茶匙
水 1湯匙
薑 1塊
青葱 4棵
蒜 ....3瓣，拍扁
長甜紅椒 1隻

調味料

蠔油 2茶匙
紹酒 2茶匙
糖 1茶匙
鹽 .... 少許（或不用）

火腩與生蠔是絕配，但得提防火腩偏鹹，下調味料時要當心。
大燒豬的腩肉太過乾瘦，能買到中豬略帶肥肉的腩仔便好多了。

準備

1 在水下沖淨生蠔 ❶，水力不用太大。

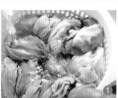

2 置中鍋在大火上，燒至水開時投下生蠔 ❷，
水溫會即時降低 ❸，見蠔肉開始收縮即移出
至疏箕內瀝水 ❹。

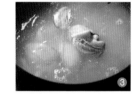

3 將蠔排在潔淨毛巾
上 ❺，再蓋以廚紙
❻，包起放入冰箱內
❼，用前再用廚紙揞
乾 ❽，放碗內。

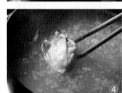

4 榨出薑汁與紹酒和勻成薑汁酒，倒入碗內 ，
　以手輕輕把蠔拌勻 。

5 葱洗淨，葱白切5厘米段，葱尾留用。紅椒
　切小條 。調勻芡汁。

燜法

1 置中式易潔鑊於中大火上，鑊紅時下油1湯
　匙，爆香蒜塊 ①。下火腩同爆透 ②，倒下
　淡雞湯 ③，加蓋，煮至汁液收為一半時，加
　入生蠔同燜 ④，用兩隻木杓輕輕鏟勻。煮至
　汁液將行收乾便吊下生粉芡 ⑤，輕輕撥動至
　稠。投下葱段及紅椒 ⑥。

2 燜蠔至最後階段時，置日式小瓦鍋在中火
　上，燒至鍋紅，下油1茶匙，炒軟葱尾 ⑦。

3 從鑊中倒下燜生蠔，蓋在葱尾上，待汁液再
　燒滾便可趁熱供食 ⑧。

懷念梁玳寧

玳寧這麼一聲不響地走了。我很傷心。別的朋友都說她一生的事蹟，我只記得她和我的緣分，數十年來雖然不常見面，但又是那麼親近，好像我們天天在一起。

說來歷史悠久，我認識她是在1978年，當《飲食世界》雜誌舉辦香港有史以來的第一次公開烹飪比賽，我剛和天機從美國來港，看到大張的海報上有取票的指示，便因此和雜誌的編輯梁多玲（後改名為玳寧）結識了。她立即向我約稿，我推說我只是在美國教中國烹飪的，怎懂得寫稿？她生來就是有說客的本領，結果我答應試試看。回到美國，向特級校對提起，他也贊成我寫點東西，我便開了「珠璣小館飲食隨筆」一欄，而他也陪我每期向雜誌供稿，以資鼓勵。此後每月一篇，一直寫至雜誌停刊，前後二十多年。這是我從事飲食寫作的源起，玳寧功不可沒。從寫出文章之中，從來結集成「珠璣小館飲食文集」一套五本，由玳寧寫序。

1979年天機回香港中文大學執教，我們與玳寧時相過從。最值一提的是她為獅球食油公司設立獎學基金，每年由各中學推介代表，通過基金會的考試和選拔，選出傑出學生獎，頒予獎學金。天機應玳寧邀請，當了義務評判三年。

到了1985年，我們從德國回港的第一天，天機心臟病發，在美國做了開心手術，搭了五條旁道，翌年再做擴大心血管手術，膽固醇高至三百多。玳寧十分關心，請人帶來海龍一大包，並附煲湯的方單。我當時每星期起碼有四天都給天機喝這種湯，而不服用有副作用的降膽固醇藥。很神奇，他的膽固醇漸趨正常了。中國人食療的微妙，很難有臨床數據，我們不敢誇稱全是海龍海馬湯的功效，但玳寧言之鑿鑿，凡有認識的人心臟有事，她一定引陳天機為例，在她的專欄和湯譜內，不知說了多少次。今天我們髮蒼視茫，兩人都盡心盡力過好每一天，而白頭人送黑頭人的心境，臨風涕零，已不足以言表於萬一了！

玳寧有兩個兒子，曾在美國三藩市讀書，她常常看望他們。特級校對和她有些朋友上的淵源，每次她到美，他一定在家親自燒飯款待。特級校對離世後，我為了紀念他，編撰了一套兩冊的食譜，以今日的作料和烹調方法，演繹他在60年代寫成的《食經》。玳寧購入一大箱，在嘉麗酒店中餐廳贈書給當時的香港名廚，並特意準備了一席菇菌宴。由此引起我決心寫一本關於菇菌的書。

細數我出版的食譜，無一不直接或間接與玳寧有關。就算現在和我極其投緣的誼子郭偉信，我們兩人首次見面也是玳寧介紹的。她常說她是我的穿針引線人，其實那何止是簡單的中介，而是我下半生飲食生命中的要角，也是我個人活力的推動者。

最近兩三年，我和廿多位年輕食友由學生麥麗敏領銜，組成「珠璣小館食團」，玳寧時有參與，有如珠璣小館一員，我們也集體支持她的慈善晚宴。食團最後一次聚會是在2009年6月底我們回美之前，想不到就此永訣！謹代表珠璣小館食團同人，向玳寧送上無盡的懷念。

珧柱扒絲瓜

準備時間：45分鐘（蒸珧柱時間另計）　　費用：80元

材料

特大碎元貝	40克
薑	2片
紹酒	2茶匙
本地絲瓜	6條
油	2湯匙+2茶匙
鹽	½茶匙
糖	½茶匙
蒜	2瓣，拍扁，分2次用
雞湯	¼杯

芡汁料

珧柱汁＋雞湯	共¾杯
鹽、糖、胡椒粉	各少許
生粉	1½茶匙
水	¼杯
麻油	1茶匙

這是我女兒的宴客菜，我看了便把它偷來，換個賣相。或許有人嫌我浪費只用絲瓜青，但我沒有把改出來的瓜碎棄去，留出炒來吃，清炒也不錯哩！

準備

1　珧柱放碗中，加溫水過面約1杯，浸至發大，加入薑1片和紹酒2茶匙，中火蒸1小時，撕成幼絲，棄去薑片，留珧柱汁待用 ❶。

2　絲瓜刨去外皮 ❷，分切成6厘米長的段 ❸。取一段絲瓜，平放在工作板上，自首至尾切開一條裂縫，從裂縫中伸入小刀，將瓜段中的瓜瓤割出，至完全割出為止 ❹，只留瓜青 ❺，其餘瓜碎則留作別用。

3　豎起瓜青環，從上而下切出寬1½厘米的長條 ❻。平放瓜條，瓜青向下，片去瓜瓤 ❼，便成一青綠的絲瓜條 ❽。如法完成所有絲瓜。

扒法

1 置鑊於中大火上，燒至鑊紅，下油爆香蒜瓣，放下絲瓜條 ❶，不停鑊動至每條沾上熱油 ❷，下雞湯¼杯 ❸，繼續炒瓜至身軟，下鹽、糖調味，鏟出，棄去蒜瓣。

2 洗淨鑊，中大火燒紅，下油2茶匙爆香餘下蒜瓣，加入珧柱絲炒透 ❹，倒下雞湯和蒸珧柱汁 ❺，煮至汁液燒開 ❻，逐少倒下調好的生粉水 ❼，邊倒邊攪拌至汁稠，試味後下麻油便成 ❽。

3 是時將絲瓜汁隔去，加進鑊內與珧柱同拌勻，排好(或不排)瓜塊在碟上，珧柱圍邊，淋下汁液供食。

全是不該吃的好東西

江南素燴

三藩市名廚衛志華三年沒有回港，這次很想看看街市的情況。一天早上，他兄弟二人開車到九龍城，打電話來說正在新三陽門前，問我想要些甚麼，他可以帶來沙田。一聽見新三陽，我頓時精神一振，說要越南鹹蛋，其餘只要他認為新鮮合用的便代我買。

他帶來酵麩、杭州竹筍、五香豆乾、毛豆和幼嫩的茭白，我心中早有腹稿，大可以做酵麩紅燒肉呀！酵麩是發過酵蒸熟了的高筋麵糰，有很多氣孔，可以盡吸紅燒肉的脂肪和肉味，可惜我來不及買合適的豬肉，決定做個素燴，茭白則另作用途。

剛巧是攝影日，總得趁物料新鮮時使用，但要怎樣調味呢？以廣東人清淡的口味，怎樣去烹製江南菜色呢？我又能否狠狠地下濃色的醬油和多量的糖呢？我把心一橫，管它！燒了纔算。我連忙在冰箱找山羊肚菌和花菇，和傭人　起把毛豆剝殼，浸發清洗羊肚菌，萬事俱備矣！

如所周知，酵麩因為經過發酵，微帶酸味，一定要汆水，然後不斷沖水去除酸味，盡量擠乾，更要在白鑊（不加油）烘乾，用油炸過方能用。竹筍非常嫩，但我們廣東人除了嫌筍毒，還循例要汆水去澀，這是江南人不明所以然的，他們就是最欣賞那隱隱的澀味。我做這道素菜，必然不夠地道，豈不是自尋煩惱了！

首先，我不用油去炸酵麩，這樣便減去大量的油分和工序，讓酵麩可以更充分吸收味料。我素不用味精，調味便靠最上等的醬油。近年香港有不少自然釀製的好醬油，調配一下便好，加上羊肚菌的濃香，多種好材料同燜，素燴就算清淡一些，賣相蒼白一些，但相信別具風韻，有廣東菜的特色。

照片拍好後大家試食，竹筍脆嫩極了，久矣不嚐此味，毛豆和豆乾各有千秋，酵麩咬口似海綿，但經燜過吸味後仍嗦嗦有聲，因為我用了台灣的壺底蔭油；取其甜美、大孖頭抽；取其鮮，九龍醬園的老抽；取其色，再加少量的糖和日本麻油，便十分可口，真是「好好味道呀！」

正在吃得五滋六味之際，我忽然如夢方覺，「糟糕！」一聲的大叫，原來這盤素燴的材料，全是我不該吃的東西，怎麼我完全忘記了？今年在美國作身體大檢驗時，發現尿酸已超越上限，醫生要我在狀態發作之前盡量戒口，希望能維持現狀。想大家都知道有痛風症的人要怎樣戒口吧！我還有輕微的遺傳性糖尿，甚少吃甜食，如今往往和朋友吃飯，三重戒口，能避則避，不該吃的便只好眼食，十分懊惱。

我平生最愛吃菇菌和豆品。更寫了一套兩冊的菇菌食譜，我猜是試食譜時吃得過分，以致尿酸颷升，想餘生只好與菌絕緣了。

江南素燴

準備時間：約1小時　　費用：約50元（羊肚菌另計）

材料

酵麩	1塊，約225克
油	4湯匙+1茶匙
杭州鮮竹筍	4隻
糖、鹽	各適量
新鮮毛豆仁	1½杯
五香豆乾	2塊
乾羊肚菌	30克
花菇	4隻
薑	1大塊，約40克
麻油	2茶匙

調味料

台灣壼底蔭油	1湯匙(或多些)
大孖頭抽	2湯匙
九龍醬園老抽	2湯匙(或隨意)
糖	2茶匙
鹽	½茶匙

做這盤素燴，可繁可簡。毛豆可買現剝的，酵麩也可省點手力用刀切，不用野生菌便免除清洗麻煩。雖然只是素菜，但送粥下飯俱佳。調味也可隨人喜好，濃淡兩相宜。

準備

1　酵麩手撕成小塊❶，放在一大鍋開水內，大火煮7-8分鐘❷，移出至疏箕內用水反覆沖透至冷❸，擠去水分，愈乾愈好❹。

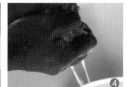

2　置鑊於中火，上放下酵麩，白鑊(不加油)烘至乾身❺。

3　竹筍去皮，改去筍頭，留下嫩筍尖❻，滾刀切塊❼。放進有糖鹽之開水內，加入筍塊，大火燒開，汆水約5分鐘❽，移出沖冷瀝水。

4　五香豆腐乾切½厘米厚片❾，花菇浸軟去蒂，每隻切四塊❿，留浸菇水。

5 羊肚菌在水下稍沖去泥沙，放在碗內，加水過面約2厘米，浸至發漲。先從底部剪開⓫，在水下把菌張開，沖淨內面，再沖透菌面的蜂巢，直至每隻菌乾淨無沙為止⓬，留浸水。

6 薑去皮，拍成大塊。毛豆置有蓋玻璃內，放進微波爐，人火加熱2分鐘。

7 全部準備好之材料在圖⓭。

燜法

1 置中式易潔鑊於中大火上，鑊紅時下油3湯匙，油熱時爆香薑塊。

2 先放下羊肚菌和花菇炒透❶，再加豆乾片❷，倒下兩種浸菇水❸，燒開後加水3杯，將三種醬油下鑊，然後加糖和鹽。

3 待鑊內之汁液重行燒開後，放下竹筍同煮❹，最後下酵麩❺，撒下些鹽，用雙鏟將鑊內材料同拌勻，蓋起燜約15分鐘至汁液行將收乾，沿鑊邊淋下1湯匙油和麻油2茶匙❻。

4 在另一小鍋內以2茶匙油爆炒毛豆❼，加糖鹽調味，倒入鑊內與酵麩同燜，試味後作調整，隨意酌加老色醬油及糖❽，上盤供食，冷吃熱吃俱宜。

綠色的旅遊

約在三十年前，美國人鑒於大規模農場為求增產，大量使用農藥，污染了美好的土地，也把從事自然耕種的小農，迫至無以為生，一群有志之士，為了環保，也為了個人的飲食健康，紛紛反璞歸真，改吃有機蔬果，掀起了一股浪潮，在大城或小鎮，農人市場四處萌芽茁長。

每個星期天，各地都有不同時間營業的農人市場，錯失了自家附近的，不消十分鐘車程，便可找到另一個，方便得很，買客也多。有時我和女兒一家會特地開車到三藩市的渡海小輪碼頭（Ferry Market）的農人市場，其規模之完備，是加省之冠，全美排名也在三甲之內。

不論所遊農人市場規模的大小，在我家而言，都是賞心樂事。

三藩市的農人市場，有一部分是由渡海小輪碼頭改建而成，是有上蓋的，像個街市，內面的精品食店，琳瑯滿目，我們在露天蔬果市場買罷所需，便內進享受新鮮烘焙的古法麵包，挑選幾種我們喜愛的乳酪，買些火腿或燒牛肉，就着來吃，喝杯熱咖啡，看看海景，沒有比這簡單的午餐更愜意的了。背患以後，這種遨遊只有可望而不可即了。

讀了一篇《大埔，很綠。》的文章，一時心癢難耐，便打電話去召相熟的士，叫傭人準備輪椅，說要到大埔買菜去。平日助我步行的是一部美國特製的手推小車，行累了，可以坐在車上可摺合的活動小櫈上，稍事休息。但要巡遍大埔街市兩層樓的街道，行不得也，就只能坐在輪椅上了。

我隨身帶着雜誌，司機楊先生問我要到大埔哪裏？我說：「隨意吧！」一抵大埔市中心，我開始按文索驥，作其自由行。我們先慢慢繞大埔街市一周，找到了大埔鄉委會，要傭人記着這棟大樓內每天都有天光墟，在早上九時半便散墟，必須早到。之後我們去週日方舉行的大埔農墟，原來地近太和，一般人就算從火車站出發也要走一段路，停車場又在墟址之外，對我來說，極不方便。最後，我們駛去匡智園，但要先上一段斜坡方能抵達有菜擺賣的園門，這也不是我的墟，頗失望。楊先生特意把車子駛到路旁一塊可以下瞰農場的地方，停下來讓我好好地欣賞一群辛勤的智障農民在澆灌、在拔草。心中很感動。

回程在街市前下車，我們先到二樓的有機街，「緣來有機」的布姨和「天然坊」的莎莉姐姐我早便認識了，也是我經常光顧的店子。她們當然也會記得這白髮皚皚，坐在輪椅上、不計較價錢、只求高質素的長者。

我這天是特意要找一個有機中國南瓜，但只有長形的香蕉瓜，十分失望。我又買了有機梅菜、有機全蛋麵、有機草菇和各類青菜，滿載而歸，好不開心！

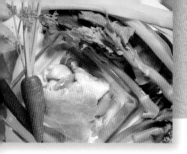

肉眼筋炒雜菜

準備時間：30分鐘　　費用：視乎所用蔬菜而定

材料

豬肉眼筋 200克
油 6茶匙
蒜 .... 1瓣，切片
有機小芥蘭 250克
有機甘筍 1小條
有機北京大葱 1棵
本地長形紅甜椒 1隻
外地冬筍 .... 1隻，約250克
鹽 .... ⅛茶匙滿
紹酒 .... ½湯匙

調味料

水 1湯匙
大孖頭抽 1湯匙
越南富國魚露 1茶匙
紹酒 1茶匙
糖 .... ¼茶匙
胡椒粉 .... 少許
生粉 1茶匙
麻油 1茶匙
油 2茶匙

肉眼筋是豬排上面的一層薄薄連着肉的脆筋，甚少人懂得利用。朋友為我從灣仔新記肉店帶來很久才能訂到的肉眼筋，心裏想着要用來炒五色有機雜菜，便到大埔找齊材料，但鮮草菇放久了，不能用，缺了黑色，十分掃興。

準備

1 平鋪豬肉眼筋在砧板上，有筋的一面向下，持刀成45度斜角，斜切成片，約0.3厘米厚❶。置肉片在碗中，先下水1湯匙拌勻❷，放入冰箱內使吸收水分。然後依次加入各項調味料同拌勻❸。

2 芥蘭選取中段，切出長約5厘米的小段❹，其餘改出的部分，可留作他用（最宜下麵後用煮麵水淥熟）。

3 冬筍去殼，削去厚衣，斬去硬頭部分❺，先在沸水中煮5分鐘，移出切0.3厘米厚片❻。

4 甘筍去頭，刨皮，斜切薄片 ❼。京葱亦斜切
　　成段 ❽。(全部作料在圖 ❾)

炒法

1 易潔鑊置於中火上，白鑊烘乾冬筍 ❶，下油
　2茶匙，加入甘筍片同炒片時，移出 ❷。

2 置鑊回中大火上，以2茶匙油爆炒芥蘭至每
　段沾滿油 ❸，先下糖，後灒酒，灑下些水，
　不停鑊動至顏色變翠綠 ❹下鹽⅛茶匙調味後
　便鏟出。

3 原鑊放回中大火上，下油2茶匙，放下肉眼
　筋，排成一層 ❺，煎至肉變色便翻面 ❻，投
　下京葱及蒜片 ❼，兜炒數下，把已炒各項蔬
　菜回鑊同炒 ❽，最後下紅椒 ❾，鏟勻上碟。

兩塊豆腐

麒麟豆腐

兩年前因為要做東江瓢豆腐，幫傭在上水街市買的布包豆腐來歷不明，大概不是本地製造而是經過長途運送的，可能下了過量的防腐劑，我只吃了兩片立刻引致嚴重敏感，差點窒息，從此對街市來歷不明的新鮮豆腐有了很大的戒心。平日吃的都是盒裝豆腐，或會請朋友到city'super，代購日本的絹豆腐和芝麻豆腐。

最近女兒來陪我四星期，母女二人間或到大埔街市買菜，見到有一檔的豆腐特別亮麗白淨，看來不錯，布包豆腐尤其滑溜，再到街市時便帶同大膠盒，買了兩塊回家。記得以前常在馬會會所吃到的麒麟豆腐，如今不再出現，決定試做了，反正十分簡單易做，最迎合「秀身」年輕人的口味。

上世紀60年代初期，我到美國讀完書，留下來做事，繼而成家，從紐約搬到加州金山灣區的聖河西，那時要吃豆腐，必得長途跋涉到三藩市的唐人埠採購，豆腐不耐貯藏，最多連續吃兩餐而已。1967年香港暴動後，來美移民激增，灣區多了一些專事代購唐人伙食的中間人，豆腐和芽菜都是常備之物，便利不少。到了70年代，新派粵廚進軍美國，加以三藩市一帶亞洲超級市場興起，買豆腐已不再是問題了。

1974年後，我在加州聖河西州立大學營養系任教「中國飲膳計劃」，在課程中的「豆、麩、藻」，我要介紹學生吃豆腐、做豆腐，從打豆漿到做豆腐、壓豆腐乾，全綫涵蓋，學生多半不肯試食，教做老師的十分為難。到後來有一位洋和尚釋理傅（W.Shurtleff），向美國人大力推薦吃豆腐，還寫了一本豆腐書（*The Book of Tofu*)[+]，洋洋數百頁，至今仍然一紙風行，豆腐已納入美國的日常食材之內，大小超級市場都賣豆腐。外國口味的豆腐食譜紛紛出現，甚至豆腐芝士餅、豆腐雪糕也可買到了，而黃豆蛋白質做的素肉，是健康食品之一大類。

那時香港的楓林小館，在我家附近開店，紅燒豆腐是首本菜，每天自製豆腐。我得彭家成斌先生傳我方法，跟着我把做豆腐的技術教給來我家上筵班的學生，自製豆腐的風氣頓然盛行一時。在我的第一本英文食譜《漢饌》內，有詳盡的做豆腐方法，連打造豆腐格的圖則，也由我哥哥幫忙繪製。哥哥棄世多年，現在重看該書，感慨頓生！

我很久沒有自製豆腐了，手力已嫌不夠，倒是我女兒多年前在上海街，買到十分精緻的小豆腐花桶，回美後興起學做豆腐花的念頭，在電話中我口授機宜，她一做便成功。野心勃勃之餘，她又想做豆腐，我叫她到我家找出豆腐格，她依書直做，同樣成功。她的好朋友伍紓在地攤上購得小石磨一個，直徑大約八、九寸，小巧玲瓏，一直放在家中作裝飾品，她見我女兒做豆腐這麼起勁，而且自製的豆腐的確比買回來的大路貨較富豆香，她來香港時又到上海街購齊所有配備，她也做起石磨豆腐來了。

現時是2009年，三十年下來，居然還有這等傻瓜，在工業豆腐盛行的美國，反璞歸真，磨呀磨的，用有機黃豆，古老石磨，做自己心愛的豆腐。

[+]*The Book of Tofu*, by Wiliam Shurtleff and A. Aoyagi, Ballantine Books, USA Revised Edition, 1987

麒麟豆腐

準備時間：20分鐘　　費用：30元

材料

布包豆腐 2塊
鹽 2茶匙
花菇 3隻
薑 2片
鹽、糖、紹酒 ....各少許
雲腿／或金腿 60克
蜜糖 2茶匙
菠菜 300克
油 2湯匙
麻油 1茶匙
青葱 ..2棵，只用葱白（隨意）
頭抽 .... 2茶匙（隨意）

芡汁料

雞湯 .... ½杯
生粉 2茶匙
紹酒 1茶匙
胡椒粉、鹽 ....各適量

凡是夾着一片火腿，一片冬菇的菜色，都可冠以麒麟二字，諸如麒麟斑塊、麒麟雞片等等，只要買得好布包豆腐，夾上火腿冬菇，就是麒麟豆腐了。

準備

1　豆腐放在大碗內，下鹽2茶匙，加水過面，浸約30分鐘❶。

2　冬菇置小碗內，加水浸過面至軟，剪去菇蒂，放下薑2片、鹽、糖及少許紹酒。火腿放在另一小碗內，加蜜糖2茶匙❷，與冬菇同置鍋內之蒸架上，大火蒸15分鐘❸。冬菇切薄片，約0.3厘米厚，火腿切與冬菇大小之薄片❹。

3　豆腐從小的一頭切起，每片切1厘米厚❺，整齊地排在方盤上成2行❻。

4　每片豆腐夾入冬菇及火腿各一片，夾完為止❼。

5　洗淨菠菜，切去部分菜頭。

蒸法

1 以保鮮膜包好方盤之豆腐，置蒸架上，中大火蒸6分鐘 ❶，移出，揭膜 ❷。

2 大火上置湯鍋，加水4杯 ❸，燒開時下鹽、油、糖，加進菠菜 ❹，燒水至重開，菠菜變軟 ❺，夾出瀝乾水分。

3 是時將方盤中蒸出的豆腐汁倒出 ❻。圍菠菜在方盤四周 ❼。

4 在小鍋內煮汁成琉璃芡，加麻油後淋在豆腐上 ❽。

5 供食時可酌加頭抽及蔥白。

盛秋話芋仔

鹹蝦芋仔水豆腐煮水瓜

上世紀30年代初的廣州，除了東山區，許多放洋掘金的僑胞家屬，聚居在設計西化的自置多層洋房之外，大多數的市民，都住在單層的古老房子，大小不一，甚少有平頂的天台。河南一帶，自從建了海珠橋後，方纔開了兩條馬路，洋房更不用說了。我家的建築比較西化，都因先祖父當了英美煙公司的南中國總代理以後，收購了祖屋四鄰的房子，加建了兩層樓的新翼，有兩個平天台，也有一個曬台；曬台特別高，父親趁秋高氣爽，每晚必在曬台上放風箏。到了中秋，曬台便是我家「豎中秋」的好地方，河南的人，可以看到曬台上張燈結綵，都知道是我家的標誌。

廣州比香港的溫度，一般相差五至六度，冷比香港冷，熱比香港熱，舊時科技未發達，沒有冷氣，風扇也罕有。江家祖居的那一邊，十分通爽，一把大吊扇從高高的神廳正樑懸下來，是我們一家人納涼之所。但新翼這邊，全是祖母居停和接待客人的地方，平天台吸了熱不散，晚上更熱，吊扇、座枱風扇都無濟於事。為了避暑，江家過了端午節，便開始在平天台之上蓋起涼棚，同時在涼棚的支柱旁，用大水缸種植爬到棚上生長的瓜和豆。水瓜最粗生，大片的葉子爬滿一棚，正好遮蔭，長長的瓜掛得滿架，到近中秋節便有收成，是我們夏天的常用瓜菜。另外一個涼棚，則種一種叫「麵豆」的藤本植物，同樣很粗生，花白色，結豆散成五指狀，嫩時摘下來整隻用自製麵豉醬去燜，可葷可素，是祖母們守齋的好菜，加些豆腐乾片，營養更高。我最喜歡吃麵豆燜大魚（鱅魚）腩，麵豆吸收了魚腩甘腴的脂肪，比魚肉還要滋味。

至於水瓜，是賤物，性寒，普通家庭一年中難得用上一兩次。水瓜長而汁多，廣州有歇後語云：「水瓜打狗，唔見咗一截！」就是暗喻用不值錢的水瓜當作棍子去打狗，一打便斷，徒勞無功。也喻做生意蝕去了一半。但江家人不怕瓜寒，會用水瓜來做菜，罷棚後的水瓜絡可以用來洗碗。而今的時髦人，沐浴時若用之擦身，把死皮都擦得乾乾淨淨。

紅芽芋仔和水瓜，是最佳的拍檔。在中秋節前後，芋仔正當荏，蘭齋農場在節前便送芋仔到廣州，家人都忙着把芋皮刮淨，放在花園的涼亭把芋仔吹得乾爽。個子小的用來燜鴨，比較大的則切絲煮水瓜。我家有一個上下俱宜的「鹹蝦芋仔水豆腐煮水瓜」的粗菜，有時可多加小河蝦。先爆香鹹蝦和芋仔絲，加水煮至起膠滑溜，再加進水豆腐同煮，鏟出後另行分別炒蝦和水瓜，最後全部材料合在一起，半湯半菜，用來淘飯，醒胃可口，更是小孩子的恩物，哪管它性寒或熱！

記得日治廣州時代，是我家最艱苦的日子。九祖母住在佛山塱邊鄉的祖居，到了秋天，鄉親的芋頭在田中收成後，芋莢棄置田邊，九祖母便拾起芋莢，割去大葉子，挑回家中曬乾收藏，遇有鄉親乾魚塘，會送她最不值錢的穌魚，穌魚多脂肪，魚腸魚腩猶見肥美，她把魚腸煎了油去煎魚，煎出的魚油用來燜芋莢，帶到廣州，我們吃得像久旱遇甘霖，視為天降福澤。

鹹蝦芋仔水豆腐煮水瓜

準備時間：40分鐘　　費用：約35元

材料

紅芽芋仔	400克
鹹蝦膏	2湯匙
油	2湯匙＋1湯匙
糖	2茶匙
蒜頭	2大顆，剁碎
雞湯	1杯＋水1杯
百福滑豆腐	1盒
小海蝦	250克
水瓜	350克
鹽	少許
葱白	2顆，切粒
紹酒	2茶匙

小蝦調味料

生粉	½茶匙
胡椒粉	少許
鹽、麻油	適量

以前的鹹蝦都是土製，從何而來？不知。如今可用大澳出產的，或者東南亞來的鹹蝦膏（峇拉盞），成硬塊狀，弄碎後要先在鑊中用小火焙乾搗碎，加油和糖炒至糖溶方能用。我加了小蝦，味更鮮美。

準備

1 （若皮膚易起敏感，要避免直接與芋仔接觸，最好是用廚紙包墊）刮去芋仔外皮 ①，挑去黑色的芋眼 ②，用微濕廚紙揩淨 ③，切成0.4厘米厚片，再切成條 ④。

2 小蝦去頭殼，以些許鹽抓洗，在冷水下沖淨，用廚紙吸乾水分，從背部剖開 ⑤，切斷為兩半 ⑥，置碗內加入調味料拌勻，冷藏待用。

3 從大塊鹹蝦膏切出約2湯匙 ⑦，稍弄碎。

4 下鑊前方行將水瓜刨皮（以免氧化變黃）⑧，切滾刀塊。

5 備好作料在圖 ⑨。

提示

1. 芋仔刮皮後，切不可用水洗，一來切條時會滑手，二來會引致敏感手癢。
2. 麵豆是芸豆（lima beans）之一種，極嫩時可連莢吃，舊時的廣州街市，偶有出售，是中下階層的粗菜。

煮法

1 置鑊於中小火上，鑊熱時下碎鹹蝦膏 ❶，用鏟捺至極幼，下油2湯匙，加入白糖2茶匙，不停鏟動至糖溶 ❷，下蒜茸，繼下芋條 ❸，不停鏟動至芋條沾滿蝦膏，倒進淡雞湯2杯 ❹，煮至湯開時加蓋 ❺，改為中大火。

2 見芋條煮至起膠便放入整塊豆腐 ❻，以鑊鏟弄碎，煮至再滾便倒出至大碗內。

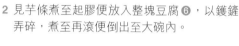

3 洗淨鑊，置回中大火上，下油1湯匙，加入小蝦鏟散，炒至色轉紅便鏟出 ❼，加入水瓜角，炒至身軟 ❽。

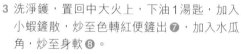

4 將蝦回鑊同炒片時 ❾，將芋條和豆腐倒進鑊內 ❿，試味，潷酒，兜勻撒下葱花上碟。

老廣州

最近一兩年，香港人為了集體記憶，興起懷舊熱潮，不少酒家也打起懷舊的旗幟，滿地飄揚。我是個老人，我的記憶完全是私人的，與香港集體的很不同。但只要説到懷舊菜，我敢説我的記憶是獨特的，惟我私有。但我不會誇言我記得「老廣州」的菜，與你們大家所聲稱的，奇為不同。

我老得可以，身世特殊，先祖為上世紀20年代「食在廣州」全盛時期之首席美食家，我得先人寵愛，甚麼山珍海味沒有吃過！我家也因戰亂，窮到連一口粥也沒得吃，是富過但又窮至「貼地」的那種遭遇。那有甚麼值得我可誇的？

最近有小友在美心吃到一道「江太史菜蓉羹」，她向總管情商，要了一份菜單送給我，問我怎樣纔算正宗？我一時語塞，細看菜單，果然有這湯。我在紀念特級校對的一套《粵菜文化溯源系列》第一冊中，已發表了這個食譜，還加了一個故事。現在重讀一次，感觸良深。先母在1970年患癌，受電療影響，味蕾損壞，胃口全無，但深心懷念祖父桌上的菠菜茸。我那時剛自學燒菜，為了想母親多吃幾口，在我不斷琢磨和母親个厭其煩的試食卜，卒於成功，得母親認可，從此菠菜茸便成了我和司司家中的首本湯。我這個食譜在1980年代在美國的 *Cuisine Magazine* 發表過，是剖心置腹的自白，沒有留出任何不為人道的秘密；因為我是烹飪教師，所有我教過的學生都會做，我只是和學生分享，教他們找尋粗料精製的奧妙。

我在書上發表的家傳菜茸羹食譜，得大飲食集團採用，驚喜還來不及呢！但被問到是否正宗，可惜我還未吃過，不敢置喙。

因為這不是甚麼太史名菜，只是先祖父在貧苦生活中，每天能享受到的一小碗湯羹，也是他每日所需的蔬菜。我一出生，便見祖父沒有牙齒，一般的菜蔬太硬，他便着廚子精心把菜葉切成細碎的小塊，去做很稠的羹。家境佳廣時會用上湯，拮据時只能用稀薄肉骨湯了。那時家中沒有冰箱，每天只做一碗，天天如是，所用葉菜，視季節而定。祖父很不情願一人獨食，所以我偶然也會分得一口，想不到那種味道和口感，一直留在我的記憶裏。

最記得我們1937年逃難來香港，每天來燒飯的散工廚子，會在金菊園買一串沒有肉的便宜豬骨，一進門便先做湯底，用一小瓦鍋盛滿水，加幾片瘦肉，一兩片火腿，就此而已。這和飲食界盛傳在「食在廣州」時代我家上湯的標準，真有天淵之別！

現在「太史菜茸羹」初現香港食場，我再次做菠菜茸羹，實是重複自己，覺得意義不大，但我只想告訴讀者這纔是我家的做法，外面的和我家的若有甚麼偏差，太可不必冠以江太史甚麼的。如果真的依照我家方法複製而又正宗的，得以流傳，那就是我江家家門之幸了。

江太史菜茸羹

準備時間：約45分鐘　　費用：50元（4人份）

材料

本地菠菜	900克
鹽	2茶匙
糖	2湯匙
骨排	300克
豬瘦肉	100克
金華火腿	30克
蛋白	2個，打散
泮塘馬蹄粉	3湯匙滿
水	½杯
鹽	¼茶匙（或適量）
熟油	1湯匙

這種菜茸羹，只得湯和葉菜加些許火腿茸和蛋白，但做法極之精緻，菜葉要手切成極細的小片，絕不能用機攪，一攪菜葉便成醬，更不能下小蘇打去保青。至於湯，當然有上湯最好，但並非必要，豬骨瘦肉湯已可，甚至不含味精的罐頭清雞湯，都可口宜人。

準備

1　骨排和瘦肉同汆水 ❶，移出以冷水沖淨肉糜和血水 ❷，放回鍋內，加水6杯，中大火燒開水後，不加蓋改用中小火煮約2小時至湯清而不濁，約得4杯 ❸。

2　菠菜摘法：左手持整棵菠菜，右手從葉與莖交接處開始 ❹，沿葉脈小心撕出菜葉 ❺，撕去的葉脈愈多愈好 ❻。將菜葉浸在洗碗池內，不停抖動使沙泥脫去。多次換水至完全潔淨為止。

3 菠菜切法：大火燒開一鍋水，加糖和鹽，即
時投下菜葉 ❼，煮至菜葉變軟，色更深綠
時 ❽，移出至疏箕內，以冷水沖透保青 ❾。
分批將菠菜葉用力擠出水分至極乾 ❿，砌成
長方形小餅狀，先切細絲，愈細愈好 ⓫。將
菜絲順次排好，倒轉過來，切細絲為小粒，
粗剁菜粒使分離並不互相牽連，再倒轉粗剁
⓬。

4 火腿去肥，切成小粒，約0.2厘米丁方。

菠菜羹煮法

1 倒肉湯過筲籬進入中湯鍋內以隔去湯骨和
肉 ❶，撇去湯面浮油，置中大火上，一待
燒開即改為中火，投下大半火腿茸 ❷，倒
下菜茸 ❸，不停攪動至再行燒開。

2 調勻馬蹄粉漿，吊下湯內，邊下邊攪動至
稠 ❹，加鹽試味，並下熟油1湯匙。

3 加些許水打入蛋白內以防起泡，慢慢沿鍋邊
瀨下，不要攪動，關火。等待片時，見蛋白
浮起 ❺，漸而呈現白色的蛋花 ❻，輕手攪
勻，分4碗上或大碗上，撒下餘下火腿粒作
裝飾。

「麵」和「粉」

三鮮大滷麵

我們香港人一提起麵和粉，自有我們的分野；麵是小麥做的，粉是米做的，正符合「北人食麵，南人食米」的金科玉律。不過，據説是源自中國的意大利麵條，在香港竟然稱之為「意粉」，而自有意粉以來，大家明知粉不是麵，這種稱謂也一直風行無阻。

如果到一家傳統的粉麵店，除了有五光十色的乾麵餅、麵條和乾的米粉外，新鮮粉麵的種類也不少，數起來屬廣式麵類的有寬或幼的生麵條；蒸熟的炒麵和可以涼拌的油麵條；雲吞皮和水餃皮。屬外省的有粗或幼的鮮白麵條；上海雲吞皮和餃子皮。此外還有春卷皮等等。粉的系列有；沙河粉、整張或切條的、炒用的、放湯用的，更有一卷卷的豬腸粉。條狀的粉有米粉、瀨粉和銀針粉。這些粉麵大都是機器製造的。近年尚多了包裝的日本烏冬，越南的乾河粉和春卷皮，十分齊備，不用説還有在超市架上琳瑯滿目的即食麵和各類入口的乾麵條了。

二次大戰後在廣州的西關，本來是地道雲吞麵店的集中地，每店都有本家的特色，決不像現時某一食制可以作主導，千篇一律，也有一些小專門店子，諸如賣桂林過橋米粉的，獨沽一味。在酒樓茶室內，又有炒米粉、燜米粉，還有盛在窩內的湯米粉。那時我們不會用「米線」這個詞。近日勁辣的雲南米線風魔港九，這種以酸辣掛帥、明明是米粉的，卻稱米線，那是雲南人的叫法。

看到紅彤彤的雲南酸辣米線，很有感觸。以香港人的口味，太辣是絕對受不了，就算是小小辣，也得要有勇氣，但環觀近年川滇菜受追捧，未為無因。辛辣的味道可以掩護次等的食材，麻醉食客的味覺，寵壞了店家，反正辣味掩蓋一切，不知味的年輕人，以為這就是食物的本味。如今雲南米線更辣，味覺便非要投降不可了。

記得50年代初，大陸剛易手，不願適應新環境的各省同胞，紛紛逃來香港，想找一差半職，很是艱難。我那時從廣州先到澳門再到香港，寄住在親戚家，每日跑遍港九去當家教。除了早上吃的麵包和白開水，其餘兩餐都是去到那裏便吃到那裏，甚麼最便宜而又能飽肚的，便吃甚麼。那時在加拿芬道為三個就讀於男、女拔萃的中學生補習中文，在彌敦道轉角處有一家小店，賣的是北方小菜和點心，很多時下課後會在那裏吃一客水餃或鍋貼，如果手頭鬆動時會大破慳囊吃一碗三鮮大滷麵，花椒和麻油的味道濃郁，湯稠帶酸，我夾着平日甚少吃到一塊塊的三鮮，欣賞每箸的麵，咬勁真好。那是難得的享受，至今未忘。

後來在新寧道三伯娘家中租了一小房間，生活才安定下來。這個區域有很多上海店子，「喬家柵」賣的大排骨麵超好吃，排骨炸得香鬆，白麵又有咬口，大大的一碗，湯底雖然有味精，可幸年輕，不懂挑剔，而阮囊羞澀，已覺很幸福了。

現時要吃大滷麵或排骨麵，已非舊時味，只好自己下廚了，但不知怎地，仍覺得往日的好吃！

三鮮大滷麵

準備時間：45分鐘　　費用：約60元（二人份）

三鮮是豬肉、蝦和海參。大滷又稱打滷，意謂打一個大澆頭，一如我們廣東人説的「勾芡」，芡汁濃而稠，湯底味道複雜，加入蛋花和咬口韌韌的白麵，足以作為正餐，而且相當豐富。

材料

新鮮白麵條	250克
油	2茶匙
川椒	2茶匙
豬精肉	40克
生粉、鹽	各少許
水發海參	50克
薑	2片
紹酒	2茶匙
淡雞湯	½杯
中蝦	8隻
蝦米	1湯匙
花菇	2隻
黃花菜	20條
水發木耳	約½杯
油	約2湯匙
雞蛋	1個，打散
青葱	1棵，切小粒
薑末	1茶匙

滷汁材料

淡雞湯	3杯
生粉	1湯匙滿＋水¼杯
頭抽	1湯匙
老抽	1茶匙
鹽	¼茶匙
花椒油	2茶匙
鎮江醋	1湯匙
麻油	1茶匙
胡椒粉	⅛茶匙

> **提示**
> 如覺滷汁顏色不夠深，可加多1茶匙老抽，減去½茶匙頭抽便成。

準備

1　蝦米加水½杯浸軟，留浸水。花菇以水¼杯浸至身軟，去蒂切薄片，留浸菇水。黃花菜浸軟摘去硬梗，打結。木耳浸軟去硬塊，撕成小塊。

2　豬肉切薄片，以少許生粉和鹽抓勻。放在半小鍋的開水內焯至脱生❶，移出。放中蝦入開水內❷，煮至殼紅，移出以冷水沖透，去殼挑腸。

3　海參切2厘米方丁，放在½杯淡雞湯內，加紹酒和生薑2片，煮約5分鐘，移出瀝水❸。是時可用小火炒花椒至香氣散發，加油煮2分鐘❹，留用。

4　全部準備好之作料在❺。

滷汁煮法

1 置易潔平底鑊在中大火上，鑊紅時下油1湯匙，次第加入蝦米、花菇、黃花菜同炒透 ①，再加入海參、木耳，多炒數下 ②。

2 下雞湯3杯及浸蝦米水和浸菇水½杯 ③，改為中火燒至湯滾，吊下生粉水勾芡 ④，不停攪拌至湯稠，加入熟蝦肉和肉片，下頭抽、老抽和鹽調味，加薑茸 ⑤。

3 倒花椒油經密眼小篩進入湯內，棄去花椒 ⑥，加醋和麻油，改為小火。試味。

4 將蛋液沿鍋邊淋下滷汁內，見蛋液將行凝固便改小火為中大火 ⑦，輕輕攪拌，便見有大塊的蛋花浮起 ⑧，撒下胡椒粉和葱花便可分別澆在碗中之熟麵條上，供食。

麵煮法

1 大湯鍋內加水大半滿，大火燒至水開，投下麵條抖散 ①，繼續煮約5-6分鐘，加入冷水1杯 ②，煮至水再開，試麵硬度 ③，隨人喜好決定是否要多煮些時，移出過冷河。

2 轉盛入一大碗開水內，加油1湯匙拌勻 ④，瀝水後分盛2碗。

日漸淡去的新年傳統

今年天氣特別寒冷，平添了不少節日氣氛。聖誕過後，農曆新年很快便來臨，香港人賀歲，似乎與家人到外面吃幾頓頓飯，以看煙花為主要節目，就是這麼簡單了。

每年我都會寫些新年憶舊的文章，做幾個以前只有過年纔會吃到的好菜，聊表對往日家庭生活的懷念。年復一年，思家之念雖仍切，但世情變得過快，使我覺得多説了反而空泛無味，等同唱獨腳戲，近乎無聊。

但到了今日，年宵花市仍然存在的，在花市內又有許多年貨，多少父母拖男帶女，吃罷團年飯會去行年宵，隨俗買一大把，就算不買也要跟大夥兒擠個半死，那纔算是過年。香港家庭空間狹小，大家都往街上跑，而且只聚集在幾個花市中，不擠纔怪。記得有一年，我和外子在祖母家吃過團年飯，忽然心血來潮想逛花市，我們趁地鐵到沙田，離開車站後，步行不遠已見人頭湧湧，水洩不通，無法擠進，只好掃興而回。這是居港數十年來唯一的經驗，但從不抱憾。

很可能當下的年輕人對年宵有另一種看法；可以拿着一年一度的通行證玩到通宵達旦，然後睡個飽，管它拜甚麼年！可是長輩心中還是忘不了過年的；很希望兒孫親戚能來，飲茶吃糕點，敍敍舊。於是瞎忙一頓去招待家人，吃吃喝喝，一批來，一批去，好不開心。年假一過，萬事回復正常，又要待來年了。

以前在廣州，家家都開油鑊炸油器：油角、煎堆、麻花、脆角，還有芋蝦和茶泡，準備多少，便看每家的人口而定。但糕的種類絕不能少，蘿蔔糕、芋頭糕、馬蹄糕和年糕等等。現時刻意在家蒸糕的，已是百中無一了。在現代化的香港，外食者多，這些傳統習俗，一如每日三餐，都可以外求，過年食品在新年前一星期，各大超市都會全部推出，大餐室和飯店都有自己品牌的糕點，要多豪華便多豪華，何用多費心力！但一家人同心合力，聚在一起把過年食品做好，那種緊密和樂的親情，又豈是金錢可以買來的。

江家在香港最長輩是十七姑姐畹英，往下便數到我。每年我心中都冀盼後輩能來拜年，見見面，明知他們都忙，不敢説出口。他們一定會把姑姐帶來，她每年都慣吃我的糕，總有所期待，就算我不能正常活動，請人來幫忙也要把糕做好。

怎不供一個炸角仔的食譜？我不是不想做，但工序頗繁，既要辦餡，又要搓粉，擀開角皮，摺成角子，還要油炸；做後要寫，在有限的篇幅內，只能盡力而為。不知道有多少讀者對這類油炸小食會有興趣？想不到我年紀大了，手不從心，再不似以前靈巧了。

脆角仔

準備時間：無定　　費用：約30元

材料

炸油 4杯
灑案皮用麵粉 ....¼杯
雞蛋黃 1個

角皮料

普通麵粉 1¾杯
中雞蛋 2個
油 3湯匙
幼砂糖 ....¼杯

餡料

麵粉 .... ⅓杯
花生肉、白糖 各1杯
白芝麻、椰茸 ....各½杯
鹽 .... ⅛茶匙
花生醬 .... ½杯滿

脆角仔的餡子沒有現成的，要自製，而且要早一天做好藏冷才不鬆散。角仔可放罐內保存多天，比糕早幾天做好也無妨。

準備

1 辦餡——鑊內放下麵粉，中小火炒至微黃❶，移出待冷。放花生入鑊內，中火炒香至部分花生衣褪落❷，簸去衣，放入坎內舂碎❸。芝麻以中小火炒香。將花生粒、芝麻和糖放入大碗內❹，再加入炒熟麵粉和椰茸同拌勻❺，最後加花生醬，拌勻成餡，用手捏勻❻，蓋好放入冰箱內冷藏，最好過夜。

2 和麵皮——案板上篩下麵粉，中開一穴，加入糖和油❼，逐個打下雞蛋❽，用手指將穴中材料依旋渦式擦勻，並將穴旁之麵粉逐少撥入，直至麵粉與液體全部和勻成一粗糙麵糰❾，集成一塊，放在碗內蓋以清潔毛巾，醒發15分鐘❿。

提示

角仔在下鑊前，要盡量掃去皮上之乾粉，若乾粉太多，會掉在油中，要不停用密眼小篩把沉積在鑊底的粉粒隔去。

3 開麵皮——分麵糰為3份 ，案板上灑下些麵粉防黏，用麵棍交叉把一份麵糰按成塊 ，繼續多次擀薄，每次灑粉在案板及麵皮上，擀至約0.3厘米厚 ，便可用一5厘米餅模或水杯，切出圓角子皮 。其餘2塊麵糰如法擀開切皮，零碎的皮子可集在一起，搓勻再擀開，再切 ⓯，共得約30多塊。

4 成形法——取一塊皮子，放在左手四指，上以小掃塗蛋液在半邊皮子上 ⓰，以小匙壓實餡子，盛約半茶匙多 ⓱，放在皮子中央，先對摺封口 ⓲，然後扭上繩紋花邊 ⓳，便成小角子 ⓴，放在淺盤上。如法做3份。

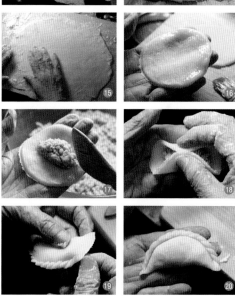

炸法

1 置鑊於中火上，下油4杯至油溫至160℃時，投下一塊塊麵皮以試油溫，如見麵皮很快變焦，便是火太大，移鑊離爐稍候，再放回火上。

2 抖去角子皮上的乾粉，分批放下油內 ❶，繼續用中火炸角仔至金黃便移出瀝油。如法炸完所有角仔。擱涼後放罐內保存。

失落的豬油渣

已故美國的著名食譜作家茱莉亞‧查特（Julia Child），畢生致力推廣法國烹飪不遺餘力，在80年代初喚起美國人對飲食的覺醒。時至今日，美國的廚子能躋身世界名廚三甲之列，茱莉亞功居首位。

不管營養學家如何勸喻美國人要遠離動物性脂肪，免罹長期病患如心臟病、中風、高血壓和糖尿病等等疾苦，但身為美食家的茱莉亞，一力維護牛油，認為少了牛油的甘腴，所謂美食者亦不過如是。我有時見她在電視示範，故意誇張地用牛油，美國人看了，因為是茱莉亞，大家總以幽默視之，畏動物脂肪如故。

為了要滿足人類對脂肪的渴求，便有固體植物牛油的出現。美國人有了代用品，動輒標榜零膽固醇，以為從此安枕無憂。殊不知要將液體的植物油，煉成固體，要經過轉化的作用（hydrogenation），而這轉化的結果，產生特別的「反式脂肪（transfat）」，經多方專家的研究，認為多吃易患癌症。這麼一來，天真的美國人，又一窩蜂地說：既然固體植物油無益，倒不如回復吃牛油去！

中國人以豬為國食，數千年來，不論時年豐歉，豬食必居首位。遇到荒年，一點點豬油，代替了難得的肉食。在戰亂中，沒有餸菜，但幸有豬油和鹽，供應了幾許草根階層的熱量。現時在香港，一提起豬油，市民唯恐避之不及；市上的豬肉，因為適應潮流，越來越瘦，吃時乾若柴皮，也大行其道，更不管豬農下了多少哮喘藥在飼料內了。

我是上了年紀的長者，生命可貴，但我甚少食肉。有時心癢，總喜歡吃一塊甘香爽脆的五花肉，絕不會有抱歉之情。寫食譜時，首先便會想到一口豐腴，令我心中歡喜滿足的肥豬肉。很奇怪，新的一代畏肥豬肉如虎，但充滿了動物飽和脂肪的甚麼肥牛、和牛，美國牛排……卻不見有人「投訴」。

看蔡瀾先生的飲食節目，見他大口大口地吃肥豬肉，真是十分羨慕。說到豬油，他更認為豬油渣炒飯簡直是人間至味，不可錯過。以他的知名度，說話一言九鼎，我一介老婆婆，心中明明贊同，但絕不敢造次，大聲附和。

那天我在大埔街市，買到一個似是而非的南瓜，回來查《蔬菜大全》（美國蘭登書屋印行），找不到相同的圖樣，想是 butternut squash 和青色南瓜的交配種。既然是有機種植的，我決定照原來購買時的目的，做我家的「番瓜糕」。

記得小時我們下課後吃的番瓜糕，只加葱油和豬油渣，已是非常美味的小食。番瓜是蘭齋農場自種的，一點不粉綿，卻有口不能道的番瓜香味和豬油渣的甘腴味。現時再做以慰口饞，瓜不對，又不敢公然用豬油渣，我就算多加了馬來西亞漁民特曬的蝦米，用多了乾葱油，亦再不似舊時味了。

南瓜糕

準備時間：約2小時　　費用：（以有機南瓜計算）80元

材料

有機南瓜 ..1個，約850克
油 .... 3湯匙 +1湯匙
上等蝦米 .... ½杯
水 .... ½杯
紹酒 2茶匙
乾葱頭.................. 200克
粘米粉.................. 225克
澄麵粉.................. 120克
無味精罐頭清雞湯..... 3杯
葱白 .... 30克，切小粒
白芝麻 2茶匙
紅棗 1個

調味料

鹽 .... ½湯匙
白胡椒粉 .... ½茶匙
菇素 .... 1茶匙（隨意）

不要以為身嬌肉貴的日本南瓜（kobacha）遠勝中國南瓜，但用來蒸糕，因質太粉、味太甜，吃來有糊口的感覺。這盤南瓜糕，雖不是我家版本，但仍然很可口，如果讀者不介意，加多半杯剁碎豬油渣，必有意想不到的驚喜！

準備

1　蝦米稍沖，放碗內加水½杯浸至軟 ❶，切小粒 ❷，留浸水。

2　南瓜洗淨，直剖為兩半，挖去瓜瓤和籽 ❸，去皮，先切塊，後切小片 ❹。

3　乾葱頭切小粒 ❺，芝麻炒香。

4　在白鑊內以中火烘乾蝦米 ❻，灒酒，移出。

5　原鑊置於中火上，下油3湯匙，加入乾葱粒炒至香氣散發、色呈半透明 ❼，倒入烘乾蝦米同爆 ❽，加入南瓜片一起炒勻 ❾。

提示

1. 如覺味淡，可蘸頭抽醬油、熟油，或以辣椒醬伴食。
2. 南瓜糕可在微波爐翻熱。

6 是時在另一小鍋內以1湯匙油炒軟葱白粒，鏟出，隔去葱白，留油。

7 下雞湯3杯和浸蝦米水 ，煮至汁液大滾便轉移至厚身易潔湯鍋內 ，加蓋繼續煮南瓜至成瓜漿 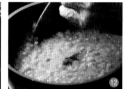，下麻油、葱白油、鹽、胡椒粉（如用菇素，可於是時加入），試味。

糕做法

1 篩下粘米粉和澄麵粉在大碗內，兩手各持木匙一隻 ❶，開始下粉至瓜漿內，逐少加入，邊攪邊拌和，直至加完所有乾粉成一粉糰 ❷。

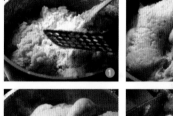

2 用「覆入（folding）」的手法，先從粉糰中央插入木匙，鏟到鍋底時一捲 ❸，再覆入，如是覆入多次直至粉糰離開鍋邊，便可轉盛至已塗油之糕盤上 ❹。

3 穿戴膠膜手套，按平糕面 ❺，以竹筷疏落地插下小孔以防蒸時鼓氣 ❻。

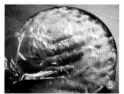

蒸糕法

1 鑊內放下蒸架，架上放糕，加水及蒸架下1吋，大火燒水至滾，加蓋，蒸1小時20分鐘 ❶，試以竹籤插入糕之中央，如無粉漿黏着便是熟。

2 移糕出鑊，稍擱涼，倒扣在平碟上，中央放一紅棗作裝飾，撒下芝麻和青葱粒，趁熱切塊供食。不用煎。

不尋常的新年

玉米餅

庚寅年我十分幸運，女兒和女婿竟然趁我孫女放寒假時可以照料自己的嬰兒，讓父母有喘息的機會，給我們一個驚喜，決定從美國來香港和我們一起過年。

魚農譚強早早便為我特地種了一畦白蘿蔔，而且到最後有需要時方拔起，足有兩大桶，他又為我特製不下防腐劑和添加劑的健味臘腸，以備蒸糕之用。我又向畹英姑姐和我孫女在香港的姑姐，借用她們的印傭，加上蘭美和我女兒這免費勞工，在年卅晚光榮完成任務：四大盤蘿蔔糕；一盤芋頭糕和兩盤馬蹄糕。女兒是出名的「頂心杉」，我給她點心書，要她按本子辦事，她頂撞我說：「我的眼是尺，我的手是量器，我的經驗是歷年從廚藝學院、跟法國二星廚子學師和打工得來的，一定會蒸出你想吃的糕，穩穩當當的為你奉客，你只管去「煲」韓劇好了，廚房內有我，不必你操心。」女兒信心「爆棚」，我等着吃糕算了。連團年飯、開年飯都由她一手包辦，她還慢工細切，炒一碟完美的蠔豉鬆孝敬我。唉！長江後浪推前浪，只好認命、認老。

今年來拜年的人特多，每一組人都來自不同的背景，一年見一次，話題都不相同，很熱鬧。今年的糕也有特別的味道，皆因用的是有機蘿蔔；初嘗第一口糕，覺得微苦，再吃第二口，苦中帶甜，滿口都是蘿蔔味，頗有諫果回甘的意境。大家都覺得很好吃。蘭美最會挑芋頭，我着女兒留出一半，切成比半吋丁方還要大些的芋塊，最後方加在其他煮軟了的芋頭粉漿內，所以糕的橫切面像一幅拼圖，很悅目，芋香十足。至於馬蹄糕，因有三位印傭合作，一下子便把馬蹄刨得乾乾淨淨，我拿出偉信從巴黎帶給我的一大疊碗布，着女兒用來吸去馬蹄的多餘水分。她不走捷徑，用刀背逐兩個兩個去拍，她認為這樣才不需要再檢查一次，可省時間。煮糕糊時她不惜氣力，邊煮邊撐，結果是質感大大增加韌度，清甜可口，人人讚好。我也自愧不如。

擾擾了兩天，年初三拆口，沒有人來拜年，我們一家都睡了整天。初四絕早，他們起程往北京，與一班舊同學自組旅行團，家中從絢爛歸於平淡。

他們從北京回來後，女兒說可以幫忙做食譜，但我不知做甚麼好。女婿說：何不做個「比我外母還要甜美的玉米餅呢？」

說來真是話長。在美國我家附近的農人市場，逢星期日早上九時至下午一時營業，是矽谷中產階級必訪的勝地。有一位農人，只賣新鮮玉米，天還未亮時採下玉米，即披星戴月開車趕來開檔。十多年來他都佔據市場入口的第一檔位，在上游截住客源，大聲叫賣：「來呀！來呀！買比我的外母還要甜美的玉米呀！」這麼招徠，果真「收得」，別人的，一元錢可買五包，但只能買他的三包，都為了這麼的一句口號。而事實上，他的玉米的確採得比別人遲，夠鮮，夠甜，夠嫩，更佔盡地利。我們是他的常客。

在大埔街市買到有機玉米，得女婿一言驚醒，我對女兒說：「你來動手吧！我累了。」

玉米餅

準備時間：45分鐘　　費用：約25元（以普通玉米計）

材料

有機玉米 2包
有機馬鈴薯 ... 2個（250克）
有機小紅甜椒 1隻
無添加劑豬肉臘腸 1條
美國雞蛋 2個
冬菇 .... 2隻，浸軟
乾葱 1顆
青葱 .... 2棵，只用葱白
油 2湯匙

調味料

鹽 .... ½茶匙
白胡椒粉 .... ⅛茶匙
麻油 2茶匙

我買到的有機玉米，皮厚而汁少，也很貴。既然買了，也有腹稿在胸，只好硬着頭皮做下去。女兒手勢好，玉米餅個個大小相若，煎得金黃，吃時要用點勁，方能細味玉米的甜美。

準備

1 臘腸、冬菇、紅甜椒、乾葱、青葱白俱切0.3厘米小方丁 ❶。

2 玉米從上到下，切出一排排 ❷，然後抖散分粒 ❸。置微波爐內，大火（100%火力）加熱2分鐘。

3 全部材料見左圖。

提示

1. 本食譜所用的微波爐，輸出功率為1000瓦特，請按照閣下所用的波爐輸出功率而增減加熱時間。
2. 如不用微波爐，馬鈴薯和玉米都可以用一般煮法。可在2公升小鍋內，以中火煮馬鈴薯約25分鐘，至筷箸容易插入便是熟。玉米切粒後可蒸熟。

4 馬鈴薯包以適用於微波爐的保鮮膜，置深碟上，放入微波爐內，大火加熱5分鐘 ❹。

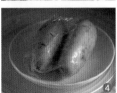

5 馬鈴薯去皮，放大碗內，以餐叉壓爛成茸 ❺。加入雞蛋和蛋黃各1個，共同拌勻 ❻。

6 置中式易潔鑊於中大火上，鑊紅時下臘腸爆 至肥肉呈透明 ❼，加入乾葱，爆至臘腸有油 溢出，加入冬菇粒炒透 ❽，再加紅椒粒和葱 白粒 ❾，最後下玉米粒和調味料，鏟出至大 碗中的薯茸內，以餐叉拌勻 ❿。

準備

1 取約2湯匙的玉米餅料 ❶，放在掌上 ❷，沿 虎口捏成小圓餅 ❸，共做9個。置碟上 ❹。

2 置平底易潔鑊於中火上，下油1湯匙搪勻鑊 面，燒至鑊熱時逐個放下玉米餅，要每個不 相連 ❺，先煎一面至金黃，反面再煎其餘一 面 ❻，加餘油，煎至全部兩面金黃，供食。

母憑子「貴」

黑芝麻湯丸

我和誼子偉信有不同的專業，但有共同的興趣。以前他不像現在那麼忙，我們常常一起燒飯，一起旅行，共嚐美食，更一起品酒。我對餐酒中的二氧化硫特別敏感，時常因為呷了一口較新的酒便當眾失聲，歷驗不爽。別人倒的酒，我沒有膽量試，偉信給我倒的酒，雖然我仍是淺嘗即止，但十分放心，而且我讓他告訴我每一口酒的特質，香味，為甚麼要用來配某一道菜，像是上課。

我晚年有一個這麼投契的誼子，真是蒙神的恩賜。我們相處得非常融洽，最舒坦的是誰也不沾誰的光，在今日功利的社會，很難有這種關係，我和外子都時常向偉信的父母道謝，讓我們有這份福氣。

上幾個月，偉信行經崇光百貨，見「貴夫人」牌強力萃取機特價發售，他一口氣買了四台，送我一台。誼母憑着誼子送的「貴夫人」，能做些甚麼呢？從製造商的介紹，似乎是專為萃取蔬果汁而設。我於是開始每早都打果汁，後來更加添了蔬菜，早餐就是一大杯滿滿的蔬果濃汁，很飽肚。中醫師知道了，說生冷食品太寒，萬萬不能飲用。我只好停止了。

我又小試牛刀，做了一道薯茸羹，只用最低速停停打打，不消一會，已把所有食材打得稀巴爛，幼滑是幼滑了，但攪起很多小氣泡，拍攝時氣泡不斷上升，就算我小心用針逐一刺破，但氣泡仍然上升如故；是打得太劇烈了。後來再做了幾次南瓜羹和玉米羹，都有這種情況出現。即是說：「貴夫人」的馬力實在太大，只宜萃取，若做羹湯，一般的攪拌機已足夠了。

我是古老人，也算趨時，但仍然喜歡用人手處理食材。從自己手中切出來的食物，能100%由我的手去控制，覺得份外有滿足感。不論現時的萃取機、食物加工機、攪拌機的功能如何了不起，但說到切小粒、切薄片、切幼絲，那是非人手不行。食材一進機，纖維即被切斷；蔬菜會出水，肉類會出汁，前者失質感，後者失原味。機器能勝人手的，算來算去，就只有把雞肉打成茸這一門工序，人手怎樣細剁，也比不上攪拌機停停打打的嫩滑。

萃取機可以打出最滑溜的杏仁茶、芝麻糊和花生糊，可惜我不能吃甜，得物無所用，白費了誼子的一番心意。上元節即到，很想利用這位貴夫人去打米漿做湯丸，心中認定打出來的糯米漿，壓去水分後一定會比乾的糯米粉幼滑。可惜事與願違，糯米打得實在太細緻了，米漿放在大碗內過夜，本應產生沉澱作用，水分會升上粉漿面上，倒去水分，留下來的便是去了水的粉漿，放在袋內用重物把多餘的水分壓出，一心以為可有一糰作湯丸皮子的糯米粉了。結果過猶不及，粉糰太細緻了，太軟，包摺有問題，弄得自己難以下台，攝影師照拍整個過程，我還有甚麼話可說？

黑芝麻湯丸

準備時間：浸糯米4小時，擱置粉漿過夜，其他工序40分鐘　　費用：約20元

材料

糯米 1杯
日本黑芝麻醬............ 1瓶
台灣黑芝麻粉 1杯
幼砂糖...................... ½杯
桂花糖.................... 1湯匙
糯米粉............¼杯(防黏)

本來我可以用普通的攪拌機重做一次，但我十分珍惜這教訓，以後便不會盲目信賴過於強力的機器了。

糯米粉漿打法

1　糯米洗淨，加水浸過面，在室溫下擱4小時。放½杯糯米入攪拌機之工作碗內，加水1杯❶，以高速(若用貴夫人，則用最低速，停停打打，30秒已足)打約1分鐘，至米粒成漿，便倒至大碗內。繼續每次加入½杯糯米和1杯水，同樣打成米漿。

2　如法打完所有糯米成漿，同置於大碗內，放入冰箱內擱置過夜❷。

提示

1. 日本黑芝麻醬在city'super或其他日式超市有售。
2. 台灣黑芝麻粉在九龍裕華百貨公司地庫有售。
3. 本食譜是10粒湯丸的分量，餡子可多用1次，即20粒。
4. 「貴夫人」打的粉漿，幼滑精緻，糯米皮子似是吹彈得破，黑芝麻餡若隱若現，滑不留口，很獨特，是嶄新的經驗，也是挑戰。本食譜亦適用於普通攪拌器。

芝麻餡做法

1　玻璃碗內放入黑芝麻粉和黑芝麻醬❶，加入幼砂糖同拌勻，用湯匙不斷從面至底覆入❷，直至完全和勻成黑芝麻餡子❸，放進冰箱內雪至身硬。

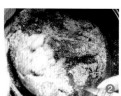

2　平碟上鋪上保鮮膜墊底，逐匙把黑芝麻醬弄成球形餡子❹，放入冰格內冰至身挺，使易於使用。

糯米粉糰做法

1 翌日從冰箱內取出整碗粉漿，可見粉漿沉澱在底 ❶，水升到粉漿面，把水潷出 ❷。碗底留下的粉漿非常幼滑，不能即用，要倒進密眼布袋內，擠去水分 ❸（或用重物壓去水分）。

2 灑些糯米粉在工作板上，倒出留在碗底的粉漿，修成一圓片，分為4份 ❹。

3 取一份放下一鍋燒開的水內，中大火燒至糯米糰從生煮至熟，色呈半透明，便撈出與工作板上的生粉糰一同搓勻成生熟粉 ❺，不停灑下乾糯米粉防黏，至成一長條，直徑約為2.5厘米，分切10塊 ❻。

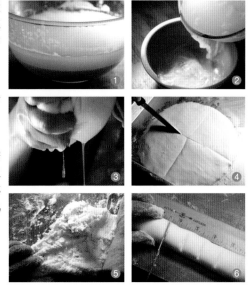

湯丸成形法

1 取一塊粉糰，雙手用大拇指和食指執住，從中向邊捏薄，邊捏邊轉，直至捏成一塊皮子 ❶，放在左手虎口與大拇指和食指之間，加入餡子一粒 ❷，收口捏合 ❸，至最後一扭，將多餘的粉糰摘出不要 ❹。

2 平碟上灑下些乾糯米粉防黏，每做完一個湯丸子，便移至碟上，做完為止。

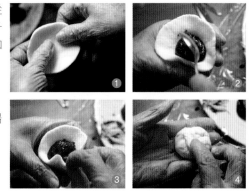

湯丸煮法

1 大火上燒開一鍋水，先移一部分湯丸至疏箕內 ❶，轉放在開水中，放完所有湯丸，繼續燒水至重開，倒下½杯冷水使沸水靜止，再煮至鍋內的水沸滾，湯丸浮至水面，繼而滾動即表示湯丸已熟。

2 兩個小碗內分別放下½湯匙桂花糖 ❷，倒下煮湯丸水約¾杯，加入5個湯丸供食。

一「個」雞蛋

　　手中拿着雞蛋，想要用形容詞去說明數量有多少，應說是一個？一隻？一枚？還是一粒？那就要看你是何方人氏，漫無定準。可曾聽過客家人說，人是一隻，雞是一個的嗎？更有沒有聽過一粒雞蛋的？英文直截了當說 an egg 便夠了。

　　我是省城人，口語上會說一隻雞蛋，從不考慮到這個「隻」字有甚麼問題，直至開始寫食譜時方發覺隻字有點不妥，離開了省港澳便行不通，於是改用「個」字，但多時疏忽，也由於習慣，我的雞蛋仍會是一隻、一隻的。至於香港人動輒說一粒鐘、兩粒鐘、有時說一粒蛋，那是新語言，我不懂。

　　我十分喜歡吃蛋，容易消化，煎、煮、蒸、炒、燉、燜無不適宜，蛋是最富營養而用法又極多樣的好食物。不理會膽固醇，一星期我總會吃兩個蛋，有時晚餐還會清蒸水蛋。但很奇怪，現時叫得響噹噹的甚麼太陽蛋、溫泉蛋、溏心蛋都是半生不熟的、很不合衛生。煙薰蛋，流黃蛋用的卻是鴨蛋。我自小便不喜歡鴨蛋那微微的腥味，我醉心的盧布松溏心蛋，雖然未全熟，但是法國雞蛋，偶然吃一次，比較放心。

　　高級超市內蛋的品種可多樣了，日本蛋尤其滶歟盛哉，惟有意大利蛋，只有「有食緣」一家限量發售。從沙田到中環，路途遙遠，時常撲空，我等得不耐煩，索性忘掉它算了。記者小妹妹問我最愛吃甚麼蛋，不假思索我便會說意大利蛋。

　　2002年，我、外子和郭偉信母子一同到意大利都靈市，參加國際慢食會的雙年度大會，逗留一共四天，每天酒店供應的早餐一定有煮熟蛋（hard-boiled egg），那是我一生中吃到最美最香的熟蛋，蛋白煮得恰到好處，滑溜而不硬，蛋黃紅得像個黃昏西下的太陽，細碎地再灑點鹽，更帶出了蛋黃豐盛的甘美，害得我竟敢膽一口氣吃兩個，管它甚麼膽固醇！

　　大會後第二天，與會者都紛紛到名勝古蹟遊覽，我們卻選了去都靈數十里外的薩盧蘇市（Saluzzo），參觀由該市全民支持的一個養雞場，看看兩位農業學校的教師，如何戮力同心延續幾近瀕臨絕種的薩盧蘇白雞（Bianca di Saluzzo）和皮蒙特區特有的比安達黃毛雞（Bionda Piedmontese）。

　　在大會安排的大型晚宴，我們竟嚐到煮熟開邊、蛋黃紅似我們鹹蛋的薩盧蘇白雞的蛋。啊！真是人間至味，那半邊熟蛋的香滑，竟長留在我的味覺記憶裏，對於意大利蛋的慾求，也不因時日而淡忘。最近小友徐穎怡，等了很久才買到意大利蛋送我，一時喜極便動手煮蛋，又得朱楚珠電傳我一方妙法，加上後輩從紐約帶來的意大利松露菌鹽，早餐煮蛋一個，加一杯咖啡，已是享受無邊了。

　　是甚麼妙法？很難說，像是很科學化，也似是沒有甚麼道理，聽來很靠不住，原文是英文的，只有幾句，直譯如下：在電飯鍋底放兩層廚紙，灑水在紙上，放下雞蛋，蓋起，按下開關掣，等到掣跳起，留蛋在鍋內不要太久，移出。這裏面的關鍵是：灑「水」是多少水呢？留「不要太久」是多久呢？想和大家分享這個萬無一失的食譜，就算多簡單也要一試再試，加油添醬之餘，成譜如下：

煮熟蛋

準備時間：10分鐘　　費用：每個9元

材料

意大利大雞蛋............ 3個
意大利黑菌鹽.......... 少許

用具

廚房用紙巾................ 2張

我們可以把所有的煮蛋器、計時器放在一旁，試試這個簡易方法，包保煮出來的熟雞蛋恰恰到家，不會流黃，更不會煮過頭，蛋黃絕不會像包了一層灰色外皮似的。但現時的智能飯鍋，派不上用場，古老電飯鍋方合用。

煮法

1 準備舊式小電飯鍋一個，容量以能煮2-4人飯量為準。

2 從冰箱取出雞蛋，用暖水洗淨，置室溫下15分鐘。

3 取2張廚紙❶，在水下沖濕，稍擠乾水分，墊在電飯鍋內，加入雞蛋3個❷，加蓋，按下開關掣❸，靜心等候（約7分鐘），直至開關跳起，再等3分鐘，把蛋拿出，不用沖冷。

4 在桌上試以兩隻手指按着蛋的一頭，一擰，如蛋能直立轉動便是全熟❹。

5 食時蛋殼十分容易剝去❺，可灑下海鹽或黑菌鹽。

提示

1. 雞蛋放入電飯鍋後，不用伺候，可做其他瑣務，只是按掣跳起後焗蛋的3分鐘，要留心就是了。

2. 如欲蛋黃較軟，可焗2分鐘，欲蛋黃溏心，則不需在開關掣跳起後再焗，拿蛋出來，放在蛋杯內便可供食。

3. 意大利蛋在香港的價格較日本蛋更要貴，但是物有所值，一試便知。如用別地生產的蛋，要用大號蛋，小的蛋比大的蛋易熟，焗蛋時間便要相應調整，減1分鐘。

6 古老切蛋法：用縫衣線一條，一頭用牙咬住，一手用兩指拿着雞蛋，另一手拿着線，繞着雞蛋中心一圈❻，一拉❼，雞蛋便分為兩半❽，橫拉直拉一樣做法。用線切皮蛋尤為乾淨利落。